LES ENNEMIS

ET LES

PROTECTEURS DU BLÉ

LES ENNEMIS

ET LES

PROTECTEURS DU BLÉ

LES ENNEMIS

ET LES

PROTECTEURS DU BLÉ

LIVRE DE LECTURE COURANTE

A l'usage des écoles primaires et des cours d'adultes

PAR

M. L'ABBÉ HÉBERT-DUPERRON

Chanoine honoraire de Bayeux, Inspecteur d'Académie, docteur ès lettres,
Membre de la Société des Antiquaires et de la Société Linnéenne de Normandie,
de l'Académie des sciences, arts et belles-lettres, et de la Société d'Agriculture
de Caen, etc.

AVEC GRAVURES INTERCALÉES DANS LE TEXTE.

PARIS

LIBRAIRIE CLASSIQUE D'EUGÈNE BELIN

RUE DE VAUGIRARD, N° 52.

—

1870

Tout exemplaire de cet ouvrage non revêtu de ma griffe sera réputé contrefait.

DÉDICACE

Aux Enfants!

Vous m'avez inspiré ces pages.

Elles ont été écrites à des époques et dans des circonstances diverses, en des lieux différents, au milieu d'occupations nombreuses, mais toujours sous vos regards et près de votre cœur.

A Livry comme à Caen, à Bayeux, à Lisieux et à Vire, je vivais avec des enfants.

Je les écoutais dans leurs classes, je me mêlais à leurs jeux, à leurs promenades à travers les champs, et quelquefois ils me faisaient le confident de leurs pensées les plus intimes.

Une peine, une joie d'enfant, ce sont des trésors!

Pour qui les reçoit rien n'égale leur valeur.

Que d'inspirations je leur dois !

Quand elles m'arrivaient riches de délicatesse et de pureté, je reprenais la plume avec bonheur, et une page nouvelle s'ajoutait à celles qui avaient précédé.

Mais plus d'une a reçu des larmes émues, tant l'expression me semblait peu répondre à vos sentiments !

Cependant, tout imparfaites qu'elles sont, je vous offre ces pages.

En avançant dans la vie, je voudrais vous porter à comprendre dans un grand amour, Dieu, la nature, le sol natal, et ses richesses toujours si abondantes quand on sait les développer.

La Providence, je l'espère, bénira vos efforts dans ce but.

Ayez auprès d'Elle un souvenir pour celui qui vous y convie.

C'est la seule récompense qu'il sollicite de votre cœur.

Caen, 25 mars 1870.

Je dois exprimer ma reconnaissance pour leur concours
bienveillant, à MM. Lechartier, professeur de rhétorique au
lycée impérial de Caen; Lemoine, commis de l'Inspection
académique; Fauvel, chef de division à la préfecture du
Calvados, auteur de plusieurs publications remarquables
sur l'entomologie; Guillebert, directeur de l'école annexe
à l'école normale du Calvados.

LES ENNEMIS

ET LES

PROTECTEURS DU BLÉ

PREMIÈRE LETTRE.

Objet de ces études. — Espérances et craintes du laboureur. — Organisation des insectes. — Leurs métamorphoses. — Durée de leur existence.

Caen, 16 juin 1868.

I.

Mes petits amis,

Je voudrais vous faire connaître les ennemis et les défenseurs de nos moissons, pour vous établir les protecteurs de ces derniers.

Vous savez combien de sueurs ces moissons coûtent à vos pères, car vous les avez vus, courbés sur la charrue, tracer péniblement le sillon destiné à recevoir leurs semences.

Elles ont germé ; les sucs de la terre, la rosée et le soleil du bon Dieu les ont nourries.

Nos campagnes se dérobent en ce moment sous des tiges du vert le plus tendre, que doivent bientôt couronner des épis.

1

Parfois vous entendez vos pères dire combien grandes sont leurs espérances.

Mais il leur vient aussi des inquiétudes, car il y a, dans la nature, des fléaux de tout genre : orages, insectes, etc.; les premiers, rares et passagers ; les seconds, permanents, pour ainsi dire, et se présentant sous les formes les plus diverses.

Ils pullulent ; leur fécondité et leur puissance de destruction sont effrayantes. On les trouve partout, sur la terre comme dans les eaux, depuis les déserts brûlants jusqu'aux glaces du nord. Avec eux la vie et le mouvement sont incessants sur le globe, et chaque jour voit naître une population nouvelle.

Que de champs de blé, que de céréales détruits, chaque année, par quelques-uns de ces insectes !

II.

Étudions ces ennemis de nos moissons.

Je ne vous introduirai pas dans un monde complétement inconnu de vous.

Qui n'a vu des abeilles, des mouches, des fourmis, des cousins, des *vers blancs*, etc...?

Ce sont des insectes, non pas tous à redouter pour nos céréales, mais ayant de nombreux points de ressemblance avec ceux qui les détruisent.

III.

Appuyez un peu le doigt sur chacun d'eux, vous les écrasez ; c'est que pas un n'a de squelette intérieur semblable au nôtre.

De là un caractère qui les distingue des autres êtres.

Pour eux, la charpente osseuse est remplacée par une membrane tégumentaire, qui prend une certaine consistance, une peau solidifiée à laquelle adhèrent tous les muscles.

Sur cette membrane, et quelquefois entre l'épiderme et le derme qui la composent, s'étend une espèce d'humeur visqueuse.

La plupart des insectes lui doivent leurs brillantes couleurs et leurs nuances si diverses.

Vous savez combien quelques-uns s'en montrent fiers, dit la fable :

IV.

> Un jour, un jeune papillon,
> Déployant ses ailes dorées,
> Fier de leurs couleurs bigarrées,
> Prenait les airs d'un fanfaron :
> « Admirez, disait-il, admirez ma figure.
> Croyez-vous qu'il soit un oiseau
> Qui puisse m'égaler en éclat, en parure?
> Non, non, aucun n'est aussi beau. »

Triste orgueil qui mérite bien cette leçon :

> « — . . . Mon joli mirmidon,
> Si vous ne changez pas d'allure,
> Si votre seule ambition
> Est dans l'éclat de la parure,
> Vous penserez être envié;
> C'est fort vous tromper, je vous jure :
> A peine vous ferez pitié. »

(GRESSUS.)

Pour nous, admirons quelle richesse de couleurs

et de nuances la Providence sait répandre sur tous les êtres de la création, et continuons notre étude.

V.

Il y a dans le corps des insectes trois parties distinctes : *tête, thorax* ou *corselet* et *abdomen*.

Chacune d'elles a son rôle et ses organes.

VI.

La *tête* est la plus petite de ces parties.

Elle présente les formes les plus diverses, depuis celle du triangle jusqu'à celle de la sphère.

De chaque côté, un nombre plus ou moins considérable d'yeux accolés les uns aux autres.

On les compte quelquefois par milliers ; d'autres fois ces yeux sont simples, mais toujours un peu bombés.

Entre les yeux, deux filets articulés, mobiles, qui sortent du crâne, présentent une certaine longueur et que l'on nomme *antennes*.

On les regarde comme les organes du tact, et même de l'odorat ou de l'ouïe.

A la partie antérieure et inférieure de la tête s'ouvre la bouche.

Elle est ordinairement formée de deux lèvres entre lesquelles se meuvent quatre mâchoires servant à saisir et à broyer les aliments.

Les deux supérieures sont appelées *mandibules ;* les deux inférieures, ou *mâchoires* proprement dites, sont situées au-dessous des mandibules et pourvues de *palpes* préhenseurs.

Chez les insectes *suceurs*, quatre soies, enfermées dans une sorte de tube, remplacent les *mandibules* et les *mâchoires*.

VII.

Thorax. A cette partie médiane et de forme plus ou moins cubique se rattachent surtout les organes de la locomotion : deux ou quatre ailes et six pattes.

Leur forme varie beaucoup suivant les fonctions qu'ils ont à remplir.

VIII.

Abdomen. Il renferme les principaux viscères et se compose de segments plus ou moins nombreux.

Sur ses côtés se trouvent les stigmates qui laissent pénétrer l'air dans les trachées ou conduits aériens par où s'opère le phénomène de la respiration.

L'abdomen est traversé par un vaisseau dorsal qui part de la tête, se rend de là dans le thorax pour aboutir à l'extrémité du corps.

C'est une sorte de cœur.

Dans les insectes transparents, on remarque autour de cet organe un mouvement sanguin.

Au-dessous du vaisseau dorsal s'étend, dans la longueur du corps, un canal intestinal, avec tout l'appareil de la digestion.

Il faudrait parler encore du système nerveux et musculaire des insectes.

Une étude attentive nous révélerait dans ces petits corps une organisation complète.

La Providence veut que, pour accomplir leurs destinées, rien ne manque à ces créatures de quelques jours.

IX.

Mais, avant d'arriver à l'état d'insectes parfaits, elles ont eu plusieurs transformations ou *métamorphoses* à subir.

Point de phénomènes plus merveilleux que ces métamorphoses.

Voyez cet insecte durant sa vie évolutive ; on le prendrait pour trois animaux d'ordres différents.

Il s'enfante et il dort dans l'œuf ; il se prépare et agit dans la larve ; il se perfectionne et s'achève dans la nymphe.

De l'œuf une larve, dite chenille ou ver, est sortie.

Cette larve est une masse informe, quelquefois hideuse, et toujours vorace.

Partout où elle se pose elle fait des ruines.

Les unes s'attaquent aux substances végétales et aux feuilles des arbres, d'autres se développent dans l'intérieur des végétaux pourris et dans les eaux.

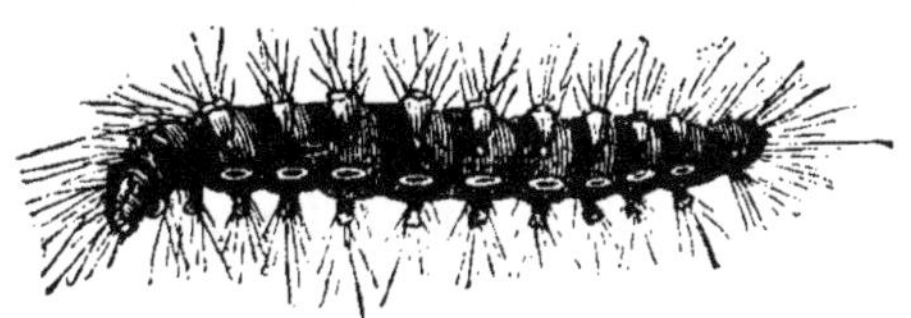

Chenille du Bombyx chrysochorrée.

Celles-ci se nourrissent d'animaux plus petits qu'elles, celles-là vivent aux dépens d'êtres plus ou moins grands, et parfois même de leur corps. Quelques-unes attaquent leurs semblables et vivent chez elles en parasites.

Vous savez ce que le chou de la fable dit au papillon qui le méprise :

« ...Mon petit,
Tu n'étais pas si fier quand, privé de tes ailes,
Chenille, tu rongeais mes feuilles maternelles;
Mais, comme toi, plus d'un, il faut en convenir,
Osa, pendant le sort prospère,
Renier ses amis et rougir de son père,
Et des bienfaits reçus perdit le souvenir. »

(LACHAMBEAUDIE.)

X.

Les trois parties du corps de l'insecte parfait, *tête*, *tronc*, *abdomen*, se trouvent déjà dans les larves.

Leur croissance est plus ou moins rapide.

Celle du *hanneton* dure plusieurs années, et c'est

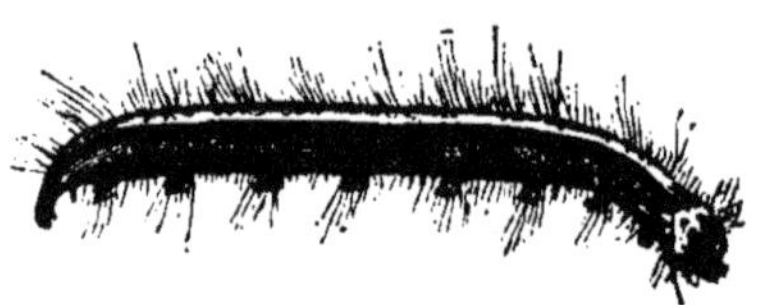

Chenille du Bombyx livrée.

pendant ce temps qu'elle produit les ravages dont nous parlerons.

XI.

La rigidité de la peau des larves, le peu d'élasticité de leur tête et de leurs pattes, les arrêteraient dans leur accroissement s'il n'était favorisé par une opération particulière qui est la *mue*.

Les larves la sentent venir.

Elles cessent alors de prendre de la nourriture et se retirent à l'écart.

Là, elles ont à subir une sorte de maladie qui les affaiblit.

Leurs couleurs disparaissent ou se ternissent ; leur vieille peau se détache et fait place à une nouvelle, qui est pour elles comme une enveloppe.

Vous remarquerez souvent ce travail dans vos *vers à soie*.

Le nombre de leurs mues est de quatre en général.

Il varie beaucoup chez les autres larves.

XII.

A cet état succède celui de *nymphe* ou *chrysalide*.

Pour que le développement soit possible, les larves se préparent diverses retraites.

Tantôt elles creusent dans le sol, à de légères profondeurs, de petites loges qu'elles tapissent avec de la vase.

Tantôt elles tirent de leur intérieur des fils légers, elles en tissent une coque qui les enveloppe, ou un cordon qui les soutient par le milieu du corps.

D'autres fois elles se suspendent la tête en bas, retenues à quelque objet par leurs pattes postérieures.

Nymphe du Hanneton.

Dans cet état, d'une durée plus ou moins longue, elles sont immobiles.

Les fonctions vitales semblent suspendues ; l'organisme se développe et se complète ; le corps se couvre des couleurs les plus diverses,‘ brunes, métalliques ou brillantes, suivant les espèces.

Le travail intérieur terminé, la peau se fend sur le dos.

Si la nymphe se trouve dans les eaux, elle s’approche de la surface, afin que le résultat soit plus sûr.

XIII.

Quand l’enveloppe de la nymphe est ouverte, l’insecte se dégage et prend son vol.

Dans quelques espèces, cependant, les ailes doivent être d’abord exposées au soleil pour acquérir de la consistance, ou le corps rester en terre pour se consolider.

Puis, nous avons le hanneton qui bourdonne, le papillon qui voltige, et dont je veux laisser la poésie vous chanter les phases diverses.

XIV.

Avant le jour où sa métamorphose
Le rend l’amour des champs et l’époux de la rose,
Insecte à dédaigner,
Il rampe, puis honteux de sa hideuse forme,
Dans une vile coque où le temps le transforme,
Il va s’emprisonner.

Là, par un art secret qu’il cache à la lumière,
Il dépouille son corps de sa robe première
Comme d’un vieux lambeau,
Prend des ailes où luit tout l’éclat de la nue,
Puis s’endort, attendant que l’heure soit venue
De sortir du tombeau.

Mais dès qu'au bord des bois le zéphyre murmure,
Et lui donne, en passant sur sa prison obscure,
    Le signal du réveil,
Brillant et radieux, dans les airs il s'élance,
Et sur des ailes d'or, il plane, il se balance
    Aux rayons du soleil.

D'abord vous le voyez, d'un vol encor timide,
Errer parmi les fleurs de la prairie humide,
    S'enivrant de leur miel;
Mais bientôt, dédaignant la vallée solitaire,
Enfant léger de l'air, il fuit loin de la terre
    Et se perd dans le ciel.

(FAURE.)

XV.

Mais cette existence est tout éphémère, de quelques jours à peine pour beaucoup d'insectes.

En général, plus leur croissance dure de temps, plus leur vie est courte.

Quelques espèces meurent sans avoir pris de nourriture. La plupart périssent avant la fin de l'automne; très-peu hivernent pour reparaître au printemps.

La mouche passe quelques jours à l'état de larve; elle peut vivre trois semaines.

Le hanneton n'est insecte parfait que huit ou dix jours. Sa larve qui reste trois ans en terre est une des plus redoutables pour nos céréales; celle du cerf-volant y reste six années.

Agréez, mes petits amis, l'assurance de mes sentiments bien affectueux.

Quel est l'objet de ces études? — Sur quoi reposent les espérances du laboureur? — D'où viennent ses craintes?

Pourquoi l'objet de ces études ne nous est-il pas complétement inconnu ? — En quoi les insectes diffèrent des autres êtres. — Quelles sont les principales parties de leur corps ? — A quoi tiennent les brillantes couleurs du papillon ? — Métamorphoses de l'insecte. — De la *larve* ou *chenille*. — Mues qu'elle subit. — De la *nymphe* ou *chrysalide*. — Durée de la vie des insectes parfaits.

EXERCICES DE GRAMMAIRE. 2e *Division*. — Indiquer les voyelles et les consonnes des trois premiers mots : *Mes petits amis*. — Faire connaître les autres voyelles de la langue française que ces mots ne renfermant pas. — Combien de sortes d'*e* dans la première phrase ? — Tous les *e* sont-ils là ? — Combien d'accents dans la langue française ?

1re *Division* ou la plus avancée. — Rendre compte de l'orthographe des participes passés employés dans le premier paragraphe. — Différence entre le participe présent et l'adjectif verbal. — Orthographe de l'un et de l'autre.

DEUXIÈME LETTRE.

Le *Ver blanc*. — Le *Hanneton*. — La *Corneille freux*. — L'Etourneau. — La *Taupe*. — Le Moineau.

Vire, le 30 juin 1868.

I.

Mes petits amis,

Le *Ver blanc* est le premier ennemi de nos moissons que nous ayons à étudier.

Voici son origine :

Les femelles des hannetons déposent chaque année de 20 à 30 œufs dans le sol, à une profondeur de

15 à 30 centimètres, afin que le soc de la charrue ne les atteigne pas.

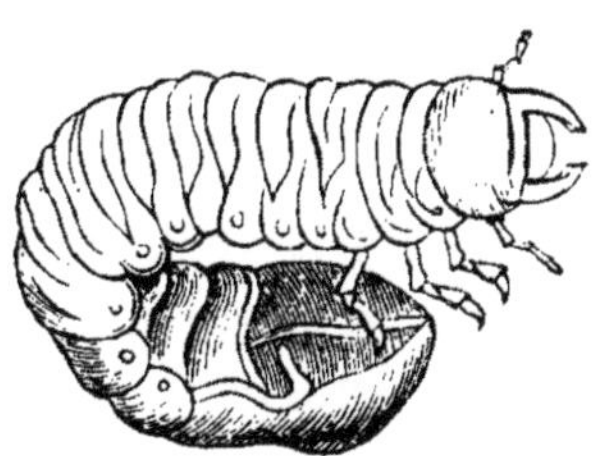

Larve du Hanneton.

Vous n'avez pas oublié combien de hannetons bourdonnaient récemment à nos oreilles ; jugez quelles myriades d'œufs attendent dans la terre une métamorphose.

C'est un triste avenir qui se prépare, car ces œufs deviennent des larves qui forment de nombreuses familles.

Le froid de l'hiver les engourdit, mais au printemps elles se réveillent et creusent, dans le sol, des galeries qui les mettent en rapport avec la racine des plantes, aux dépens desquelles elles vivent durant toute la belle saison.

Aux approches de l'hiver, elles redescendent sous terre pour reparaître avec la douce température du printemps.

II.

Les *vers blancs, turcs* ou *mans* ne sont autres que ces larves de seconde et de troisième année.

Plus d'une fois, vous avez remarqué ces insectes

d'un blanc sale, à tête fauve, à six pattes et au corps terminé par une tache bleuâtre.

Ces larves s'attachent aux racines des plantes cultivées, du colza, du blé, etc. ; leurs *mandibules* dévorent et détachent en rongeant les pivots des plantes, qui se dessèchent, et la moisson périt.

Il s'est quelquefois trouvé 23 *mans* par mètre carré ; d'où, pour un hectare, 230,000 dévorants.

Supposez 100,000 pieds de betterave ou 80,000 pieds de colza dans cette étendue de terre, un calcul fort simple vous montre deux larves au moins auprès de chaque racine du premier plant.

Le second est encore plus maltraité.

Jugez comme la destruction doit marcher rapidement ; adieu l'huile et le sucre de betterave.

En 1866, dans la Seine-Inférieure, les pertes s'élevèrent à 25 millions.

Et cette puissance effrayante reste plusieurs années dans le sein de la terre pour tout manger et détruire.

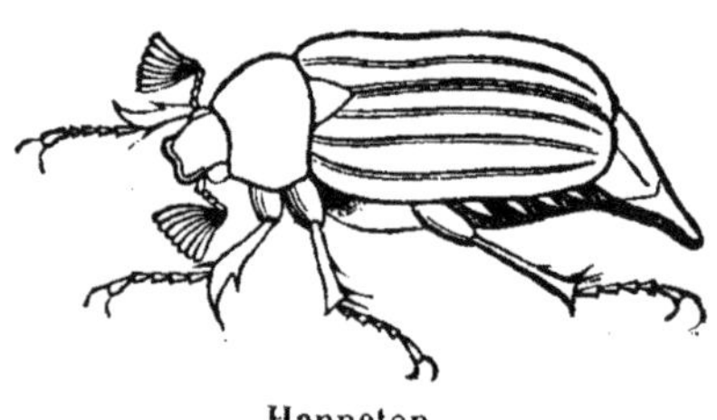

Hanneton.

Après trois hivers seulement, les larves passent à l'état d'insectes parfaits ou de *hannetons*..

III.

Le hanneton ! Que d'idées se rattachent à ce mot !

Il est bien vieux, sinon sous sa forme actuelle, du moins quant à son étymologie.

Les Grecs connaissaient l'insecte qu'il désigne.

Si je remonte jusque-là, ce n'est pas pour vous perdre dans un passé lointain.

J'entends un refrain qui de vos lèvres tomberait peut-être sur moi :

« Qui nous délivrera des Grecs et des Romains? »

Mais, voyez-vous, il m'arrive de la Grèce un souvenir qui d'abord vous fera peut-être sourire.

Et loin de moi la pensée de vous imposer une gravité qui ne se déride jamais.

IV.

J'ai donc un jour entendu un des sages de la Grèce dire à un de ses disciples lent à comprendre, inhabile à diriger lui-même son intelligence :

« Donnez l'essor à votre esprit et laissez-le voler comme le *mélolonthe* attaché par la patte au bout d'un fil (1). »

Sous ce nom de *mélolonthe* ne devinez-vous pas le hanneton ?

C'est bien, en effet, notre insecte.

Ici, vous le voyez soumis à une épreuve qu'il a plus

(1) Strepsiade dans la comédie les *Nuées* d'Aristophane, v. 762.

d'une fois subie entre vos mains, car l'enfance est partout la même.

Et si vous pensez en ce moment aux jeunes Athéniens, ne dites-vous pas : vivent nos aînés! ils savaient comme nous prendre leurs plaisirs.

Oui, des plaisirs! mais non pas innocents, car ils entraînent une souffrance pour l'insecte.

Ne vaudrait-il pas mieux ne pas chercher un amusement qui doit faire pâtir un être?

V.

Mais, puisque nous en sommes là, je veux vous rappeler les procédés des jeunes Athéniens, vous dire, par exemple, qu'ils donnaient à leur fil une longueur de trois coudées (1), qu'ils le remplaçaient quelquefois par une branche de myrte.

Tout cela porte un enseignement, et le poëte n'a pas eu pour but unique de décrire un supplice.

Voyez comme tout s'enchaîne et se développe.

Il a devant lui une intelligence captive.

Pour comprendre, elle doit sortir d'elle-même; c'est la loi de la vie.

Il faut aller chercher au dehors la lumière qui manque, prendre son essor et s'élever vers des régions plus hautes que celles où l'ignorance nous enveloppe.

Efforcez-vous, mes petits amis, de grandir aussi, de monter vers la vérité.

Votre intelligence prendra de l'ampleur, et plus

____

(1) C'est-à-dire 1ᵐ 38.

elle s'élargira, plus elle aura de capacité pour comprendre.

VI.

Mais ne vous lancez pas à l'aventure; laissez un fil vous diriger et vous retenir, afin de ne pas tomber d'une chute qui brise.

Ce fil, ce sera la main, l'expérience, l'enseignement, le conseil et mieux encore le cœur de vos Maîtres.

Parfois, je le sais, des impatiences nous viennent et nous portent à repousser ces fils comme autant d'instruments de supplice.

Alors la mauvaise humeur et la colère nous gonflent à l'égal du hanneton qui veut prendre follement son vol.

Voyez comme il se précipite dans l'espace!

Mais il se brise à tous les obstacles et il tombe lourdement.

Ne nous exposons jamais à ce jugement sévère que vous connaissez : *Étourdi comme un hanneton.*

Qu'il vaut mieux laisser nos maîtres ajouter au fil la branche de myrte des anciens!

C'est un autre frein, mais salutaire encore;

C'est aussi la feuille toujours verte qui couronne le front de qui se possède dans son ascension vers le vrai.

Je voudrais vous dire moins mal ces enseignements.

Si je ne le puis, laissez-moi pourtant aimer les anciens qui nous les donnent.

VII.

Ils ont aussi, je me le rappelle, fixé l'époque de l'apparition des hannetons.

C'est vers la floraison des pommiers (1).

Vous savez, enfants de la Normandie, combien de trésors sont alors répandus dans nos champs.

Les couleurs blanches, si tendrement rosées, des pommiers; les parfums qu'ils exhalent, le matin, au lever du soleil; les oiseaux qui chantent la tiède chaleur de ses rayons, tout parle à nos sens et nous ravit.

Un festin est préparé pour tout ce qui respire;

Le hanneton prend sa place à la table commune.

C'est pour nous, je l'avoue, un triste convive.

A son contact, nos belles fleurs perdent leurs parfums et leurs couleurs si délicates.

Il y a des êtres et des inspirations malheureuses qui flétrissent toujours ce qu'ils touchent.

Veillons sans cesse afin de conserver sa pureté à tout ce que nous aimons.

La nature est un grand maître; elle révèle à qui sait la comprendre les ruines faites dans l'âme par le contact du mal.

VIII.

Revenons aux hannetons.

Ce sont des ennemis qu'il faut savoir combattre.

Comme tous les mauvais penchants, quand on ne

(1) Je connais bien le nom du scoliaste, ou interprète, qui nous l'apprend. Mais vous citer Eustathe, ce serait paraître

les arrête pas, ils se multiplient et nous dévorent.

Mais pour qui sait les dompter, ils deviennent une source de richesses, et ils jettent dans le champ de l'homme actif autant de fécondité que de ruines dans celui de l'indolent.

Je vous surprends peut-être, mais suivez-moi, votre étonnement tombera; il n'y a que l'ignorance qui ne sache pas voir.

Elle ne comprend pas que des efforts généreux et continus peuvent implanter un héros dans les natures qui nous paraissent les plus pauvres et les plus tristes.

Et celles-ci vont toujours s'affaissant sur elles-mêmes, offrant un regard, un spectacle qui navre le cœur.

L'ignorance ne comprend pas mieux le trésor que l'on peut tirer du hanneton.

Elle s'enferme dans l'inertie, elle ne sait que se plaindre de la Providence, et elle laisse ses ennemis se multiplier.

IX.

Je veux vous dire d'abord quelques-unes des grandes invasions du hanneton.

Il y a dans l'histoire, des années qu'il semble avoir marquées d'une tache noire.

En 1574, sur les bords de la Saverne, plusieurs moulins furent assaillis par des hannetons et ils s'arrêtèrent.

faire trop de science. Les sources sont pourtant toujours respectables. Ce grammairien vivait vers 1198.

En 1688, ces insectes s'abattirent en nuages épais sur l'Irlande.

Dans l'étendue d'une lieue, le ciel fut obscurci; la végétation se trouva détruite; partout, dans les champs, l'aspect désolé de l'hiver.

Les pauvres Irlandais furent réduits à faire cuire leurs envahisseurs pour se nourrir.

En 1804, d'immenses nuées de hannetons couvrirent tout le lac de Zurich.

Le 18 mai 1832, à 9 heures du soir, entre Gournay et Gisors, leurs colonnes qui passaient effrayèrent les six chevaux d'une diligence au point de les faire revenir sur leurs pas.

En mai 1841, ils encombrèrent tout à coup les ponts de la Saône, à Mâcon, et ils les rendirent impraticables.

Les hannetons font aussi des ruines dans les bois, les prairies, les luzernes, les jeunes plants, les jardins, etc.

En 1835, la forêt de Kollectz, en Prusse, voyait périr plus de 1000 mesures de pins sauvages.

En 1864 un pépiniériste de Bourg-la-Reine perdait pour plus de 30,000 francs d'arbres.

X.

Partout cet ennemi nous appelle au combat; montons sur la brèche.

On devient honnête en luttant contre le mal; intelligent, en triomphant de l'ignorance; maître de la nature, en apprenant à diriger ses forces.

Il y a dans le hanneton une puissance redoutable, sachons la dompter.

Si nous le laissons libre, il détruit nos moissons,
forçons-le à féconder le sol.

Ce sera le triomphe de la science et de notre activité; entendons-nous pour le remporter.

XI.

Le matin, quand la rosée perle encore sur les
feuilles, aux premiers rayons du soleil, allons, enfants et maîtres, à travers les champs, le long des
haies, à la poursuite de l'ennemi commun.

L'humidité de la nuit l'a saisi; le voilà immobile.
l'aile presque pendante sur les branches.

Agitons-les; il tombera dans des draps étendus
pour le recevoir.

C'est une riche capture; ne la jetons pas à la mer.
comme on le fait quelquefois.

Mais enterrons-la dans la chaux vive.

Ou bien imitons, s'il le faut, les autorités du can-
ton de Berne, qui louèrent un jour des huileries pour
les broyer.

Par là un excellent engrais sera créé, et l'ennemi
de nos récoltes entrera dans le sein de la terre pour
l'enrichir.

Voilà ce que la science doit proclamer partout.

Honneur et richesse à qui sait la comprendre !

XII.

Et pourquoi l'autorité n'organiserait-elle pas,

chaque année, comme on l'a fait une fois dans la Sarthe, une battue générale ?

C'était en 1835.

Les ravages devenaient effrayants : le Conseil général crut devoir voter 20,000 francs pour arrêter la calamité.

Un litre de hannetons se payait 3 centimes.

60,000 décalitres, contenant environ 5,000 insectes chacun, furent recueillis.

300 millions périrent ainsi.

Multipliez ce nombre par les 20 ou 30 larves que chacun d'eux aurait produites, vous comprendrez combien de mans furent détruits, combien de pieds de betterave ou de colza épargnés.

Les 20,000 francs du Conseil général ne se trouvèrent-ils pas plus que décuplés ?

Est-il placement plus avantageux !

N'est-ce pas en procédant ainsi que l'on fait monter la fortune publique ?

Malheureusement ces actes d'une haute administration sont encore rares, isolés.

XIII.

Il faut que la Providence nous vienne en aide.

Les premiers froids de l'hiver sont mortels pour les larves que nous laissons naître et qu'ils saisissent.

L'atmosphère travaille pour nous.

Puis, si la charrue déchire à temps le sein de la terre, vite les poules, les dindons ; que toute la basse-cour se précipite dans les sillons.

Alors point de quartier pour les larves jetées par le soc à la surface du sol.

Tous ces chasseurs rentrent à la ferme, le gésier bien garni ; la digestion se fait, la graisse entre dans l'être qui nous délivre d'un ennemi.

Il a pris goût à ce repas ; au premier signal, il partira de nouveau.

Les oiseaux et les animaux insectivores sont aussi pour nous de puissants auxiliaires.

La Providence leur a donné l'instinct, le regard et le flair qui atteignent sûrement leur proie.

XIV.

Je dois vous signaler en premier lieu la corneille freux ou *moissonneuse*.

Vous la reconnaîtrez aux reflets métalliques de son plumage.

Dans certains pays, et même dans une localité voisine de notre département, à Montville (Seine-Inférieure), on l'avait proscrite, mais on a dû la réhabiliter ensuite à cause des ravages qu'elle empêche.

Elle sait que, pendant leur jeune âge et en été, les larves du hanneton se tiennent vers le haut des racines pour les manger.

Le freux se pose donc en observateur assidu, et, quand sa proie paraît, il la dévore avec avidité.

L'étourneau ou sansonnet porte la même ardeur dans cette guerre de destruction.

Mais son action n'est que passagère, car, l'hiver venu, ces oiseaux émigrent.

Alors aussi, comme nous l'avons vu, les larves

des hannetons s'enfoncent profondément sous terre.

Un autre ennemi, la taupe, est là pour les suivre et les saisir.

XV.

Oui, la taupe !

On a contre elle, je le sais, toutes les préventions; c'est à qui la détruira dans les jardins, les prairies, partout où elle se présente.

C'est une grande faute.

L'observation a prouvé que des taupes tenues en captivité dévorent, chaque jour, une quantité de larves égale à trois et même quatre fois le volume de leur corps, sans jamais toucher aux végétaux qu'on leur donne.

Partout où vous voyez une taupinière, soyez certains que cet amas de terre représente un égal volume de larves détruites ou à détruire.

Engagez à épandre ces taupinières à propos, sur les racines supérieures du gazon, des pâturages, mises à nu par les pluies battantes ou par la gelée. Leur terre légère et friable formera pour le sol comme une sorte de revêtement.

Mais défendez les taupes contre une ignorance malheureuse.

N'écoutez pas ceux qui vous disent : les taupes mangent les racines.

Ouvrez plutôt, si vous en avez le courage, leur estomac; vous y trouverez des restes de vers, des mains, des carapaces d'insectes, pas un fragment végétal.

Ne poursuivez non plus ni les sansonnets ni les corneilles *moissonneuses*.

Un jour, on les chassa des jardins royaux de Potsdam ; les larves se multiplièrent, et, dans six arpents qu'elles avaient détruits, on en recueillit près de vingt-quatre boisseaux de Prusse.

XVI.

Épargnez aussi les moineaux ; ce sont des travailleurs qui font, il est vrai, payer leur journée ; mais. en ce monde, rien pour rien.

On a peine à leur pardonner les quelques cerises et épis de blé dont ils se nourrissent, et l'on ne tient pas compte des trésors qu'ils nous conservent.

Pour eux, ils ne s'attaquent pas aux vers blancs, mais aux hannetons.

Ils en font une consommation incalculable.

Ces jours derniers, le matin, vers cinq heures, je les voyais, sur ma terrasse, poursuivre, en chantant, ces insectes.

Les coups de bec se succédaient avec une voracité difficile à décrire.

Le corps du hanneton avait bientôt disparu et il ne restait que les élytres.

Je ne saurais en compter le nombre.

Voici ce que rapporte un observateur :

Un couple de moineaux avait fait son nid sur une terrasse de la rue Vivienne, à Paris.

On recueillit les élytres de hannetons rejetés de ce nid. On en trouva 1,400 ; un seul ménage avait donc détruit, pour l'alimentation d'une seule couvée, 700 hannetons.

Comme chaque femelle dépose dans la terre de 20 à 30 œufs qui deviennent des larves, calculez combien de vers blancs n'ont pas vu le jour.

Ce bienfait se reproduit partout où le moineau peut accomplir la mission qu'il tient de la Providence.

XVII.

Et cependant nous le poursuivons avec tous les engins de destruction.

Vous-mêmes, mes petits amis, n'avez-vous pas cédé quelquefois à la tentation d'enlever sa nichée ?

Il l'avait établie près de l'une des fenêtres de notre demeure, à la porte de notre grange ou à l'entrée de nos champs.

Il semblait la mettre là sous notre protection, demander une place dans la famille, non peut-être à titre purement gratuit, poussé quelquefois par son instinct à faire la maraude, mais, après tout, il la demandait comme un bienfaiteur, comme un chantre destiné à endormir nos soucis.

Il demandait encore à se multiplier sous nos regards, à devenir une famille à côté de la nôtre.

Les petits êtres qu'il allait couver et nourrir avec nos ennemis, auraient bientôt formé l'armée destinée à protéger les moissons de vos pères.

Une tentation vous a saisis et vous n'avez pas laissé la vie se développer.

Le berceau a été violemment arraché du lieu dont

il devait faire l'ornement ; les œufs, de petits êtres,
peut-être déjà couverts d'un léger duvet, sont tombés entre des doigts fiévreux ; on a vu un spectacle
navrant.

Des enfants, un bandeau sur les yeux, une baguette à la main, ont impitoyablement frappé le sol
où avaient été déposés les œufs de la couvée.

Et la baguette tantôt brisait un œuf, tantôt faisait
voler dans les airs les membres saignants de l'oiseau
qui commençait à prendre vie.

Et la pauvre mère était là, pleurant et se débat-
tant, au milieu des applaudissements de la troupe
meurtrière.

Tristes applaudissements ! Sous chacun d'eux, il
y avait des frénésies.

XVIII.

Ne vous permettez pas, mes petits amis, ces joies
barbares, elles émoussent tout ce qu'il y a de plus
pur en vous et de plus délicat.

Développez plutôt au fond de votre être un cœur
sensible, bon, compatissant à tout ce qui souffre ou
court un danger ; c'est le mieux ouvert à l'intelligence de nos intérêts.

Quand vous viendra la pensée de poursuivre un
sansonnet, une corneille, un moineau, le cœur vous
parlera des sueurs de votre père, de ses espérances
qui reposent sur la moisson, des destinées de l'épi
de blé exposé à tant de causes de destruction.

Votre main s'arrêtera ; les oiseaux qui nous charment et nous défendent trouveront en vous des protecteurs.

Et vous bénirez la Providence, en les voyant aussi nombreux que les ennemis de nos moissons.

Agréez, etc.

Origine du ver blanc. — Fécondité du hanneton. — Ravages de ses larves. — Le hanneton chez les Athéniens. — Enseignements qu'il nous donne. — Quelques grandes invasions. — Ses ravages. — Comment on doit le poursuivre. — Secours que nous prépare la Providence. — Rôle de la corneille moissonneuse et de l'étourneau. — De la taupe. — Avantages que l'on peut tirer des taupinières. — Services que rendent les moineaux. — Cruautés que l'on exerce envers eux.

EXERCICES DE GRAMMAIRE. 2ᵉ *Division*. — Quelles sont les consonnes de la langue française qui ne se trouvent pas dans la deuxième phrase? — Combien de lettres en français? — Quelle différence entre une *h* muette et une *h* aspirée ?

1ʳᵉ *Division*. A quelle conjugaison appartiennent les verbes de la deuxième et de la troisième phrase. — Quelle est leur nature? leur radical? — Quelles remarques à faire sur les verbes terminés en *eindre*, par *e, i, n*.

———

TROISIÈME LETTRE.

Les oiseaux nocturnes : hiboux et chouettes; les chauves-souris, etc.— Les rongeurs. — La belette. — Le hérisson.

Caen, 24 juillet 1868.

I.

Mes petits amis,

Le soir, par un temps calme et silencieux, ou tandis que la tempête se déchaînait, n'avez-vous jamais entendu des cris tristes et monotones s'élever dans les airs ?

C'étaient les hiboux, les chouettes et les chats-huants qui trahissaient leur présence.

Ils sortaient des clochers, des toits des églises, des édifices élevés, leur retraite du jour ; ils passaient à côté de l'habitation de vos pères et ils s'en allaient commencer leur garde de nuit dans le plant voisin, au milieu des champs et des prés, au sommet des vieux arbres.

Nos granges n'ont pas de meilleurs protecteurs.

Est-ce pour les services qu'ils nous rendent que les Grecs en faisaient le symbole de la sagesse prévoyante et conservatrice ?

Je l'ignore, mais je sais que Pallas, une des divinités de la fable, ne voulait d'autre compagne que cet oiseau des nuits.

II.

Le soir, vous voyez encore

> « ...La chauve-souris qui n'osait approcher
> Pendant le jour nulle demeure. »
>
> (La Fontaine, XII, 8.)

Elle avait bien raison, la pauvrette !

Que de préjugés contre elle !

Les Juifs la tenaient pour un animal impur.

Les Grecs lui empruntaient les ailes des Harpies.

Si, l'hiver, elle cherche dans nos cheminées un refuge contre le froid, ne l'accuse-t-on pas de venir y manger le lard et les viandes fumées ?

Nos ménagères ne la soupçonnent-elles pas encore de téter le lait des vaches et des chèvres?

Autant de préjugés! Mais ils règnent, ils s'imposent à la crédulité!

De là, des antipathies, des haines, et l'on poursuit partout la chauve-souris.

Voilà pourquoi elle se dérobe à la lumière du jour.

III.

Elle venait de quitter les carrières, les greniers et les cavernes où elle se tient suspendue la tête en bas, accrochée par les ongles pour prendre son vol avec une facilité plus grande.

Elle décrivait dans les airs ces mouvements irréguliers, saccadés, vifs, rapides, qui vous surprennent et vous donnent le frisson, quand elle passe trop près de votre tête.

Le tact exquis de sa membrane déployée comme des ailes lui révélait, avec la même sûreté que la vue, les obstacles les plus légers.

Ses dents insectivores étaient aiguisées pour la destruction.

IV.

Une douzaine de hannetons bien dodus n'étant pas de trop pour chacun de ses repas, une guerre acharnée commençait déjà; car, la nuit, tout ne repose pas, comme vous, dans la nature.

Souvent l'ennemi veille alors, et toute une armée de petits rongeurs, souris, mulots, campagnols, etc., se précipite, pour les dévorer, sur les semences confiées à la terre.

Mais la chauve-souris, les chats-huants, les hiboux, etc., sont là.

Leur regard perce l'obscurité; leur ouïe fine et délicate saisit le mouvement le plus léger, et, grâce au moelleux de leur plumage, ils tombent sur l'ennemi sans qu'il les entende.

La destruction de nos moissons est ainsi suspendue.

V.

Ces mêmes rongeurs s'attaquent à l'écorce qui protége le pied des jeunes pousses de hêtre, de charme, d'orme, etc. Nos plantations y succomberaient, s'ils ne trouvaient, pour les arrêter, les griffes dures, minces et pointues des rapaces nocturnes.

Une autre espèce de hibou, celui de marais, prend sous son patronage les prés et les champs couverts d'herbes.

Voilà des bienfaits, mes petits amis.

On en jouit et on ne les apprécie pas toujours; c'est un peu l'histoire de la vie, où la reconnaissance fait souvent défaut.

Cette vérité, je le sais, court le monde, et je n'ose trop vous la signaler.

Peut-être même aurez-vous peine à y croire, parce que votre nature est bonne et que vous avez la mémoire du cœur.

Mais que de choses le contact du monde vous révelera ! Que d'illusions, belles, généreuses, il fera tomber !

Pourquoi ne pas vous prévenir de ces chutes ?

VI.

Pour en revenir à nos rapaces nocturnes, la Fontaine (1) décrit quelque part, à sa manière, une de leurs retraites.

Il y a, dans son tableau, de la poésie, ce qui n'exclut pas un fond de vérité.

Je vous épargnerai les théories philosophiques pour ne prendre que le fait.

. . . .

> On abattit un pin pour son antiquité.
> Vieux palais d'un hibou, triste et sombre retraite
> De l'oiseau qu'Atropos (2) prend pour son interprète.
> Dans son tronc caverneux, et miné par le temps,
>   Logeaient, entre autres habitants,
> Force souris sans pieds, toutes rondes de graisse.
> L'oiseau les nourrissait parmi des tas de blé,
> Et de son bec avait leur troupeau mutilé.
> Cet oiseau raisonnait : il faut qu'on le confesse.
> En son temps, aux souris le compagnon chassa :
> Les premières qu'il prit du logis échappées,
> Pour y remédier, le drôle estropia
> Tout ce qu'il prit ensuite ; et leurs jambes coupées,
> Firent qu'il les mangeait à sa commodité,
>   Aujourd'hui l'une et demain l'autre.

(1) La Fontaine, notre grand fabuliste, né à Château-Thierry en 1621, mort en 1695.

(2) Atropos, une des trois Parques que la mythologie païenne supposait chargées de filer la destinée des hommes. Atropos en coupait le fil. On lui avait donné le hibou pour symbole.

Tout manger à la fois, l'impossibilité
S'y trouvait, joint aussi le soin de sa santé.
Sa prévoyance allait aussi loin que la nôtre :
    Elle allait jusqu'à leur porter
    Vivres et grains pour subsister...
    Voyez que d'arguments il fit :
    Quand ce peuple est pris, il s'enfuit;
Donc il faut le croquer aussitôt qu'on le happe.
Tout! il est impossible! Et puis pour le besoin,
N'en dois-je point garder? donc il faut avoir soin
    De le nourrir sans qu'il échappe.
Mais comment? Otons-lui les pieds. Or, trouvez-moi
Chose par les humains à sa fin mieux conduite?

(LA FONTAINE, XI, 9.)

VII.

Voilà les mœurs des hiboux. Je vous les donne pour ce qu'ils sont, sans dissimuler leurs procédés envers leurs victimes.

Quant à leurs cris, ils nous ennuient, nous fatiguent, nous jettent la tristesse dans l'âme.

Lorsque vous les avez entendus retentir, le soir, près de vos demeures, la crainte vous a pris.

Il vous a semblé voir la mort s'avancer pour frapper l'un des vôtres.

C'est un préjugé bien vieux, qui date des Romains, sans en avoir plus de fondement.

Aucun de ces cris ne se fait entendre dans les villes où cependant on meurt comme dans les champs.

Quand les hiboux s'approchent la nuit des habitations isolées, ils sont attirés par la lumière comme tous les animaux nocturnes.

Une autre cause de nos répugnances, c'est qu'ils

ne sont pas, tant s'en faut, des prodiges de beauté, de grâce, même s'ils sont jeunes :

> « De petits monstres fort hideux,
> Rechignés, un air triste, une voix de mégère. »
>
> (LA FONTAINE, V, 18.)

Et l'âge leur apporte fort peu de charmes extérieurs...

VIII.

Ces noms, ces cris, ces mœurs, cette physionomie suffisent à nous faire oublier leurs bienfaits.

Vite un fusil ! Un regard trop habile dirige le coup ; l'oiseau tombe.

Des cris de joie se mêlent à la curiosité ; on dirait un triomphe remporté sur un ennemi redoutable.

On s'empare de la victime, on la cloue, comme un trophée, les ailes étendues, la tête pendante, au beau milieu de la porte de la grange.

Et qui gagne à ce jeu ? Rappelez-vous le proverbe :

Les chats morts, les souris dansent.

Elles danseront, en effet, au milieu de la semence qu'elles dévoreront, car l'oiseau sacrifié ne sera plus là pour la défendre.

Il savait pourtant faire une rude guerre aux rongeurs.

On a vu deux hiboux porter, en une seule nuit, onze souris à leur nichée.

Soixante-quinze chenilles ont été trouvées dans l'estomac d'une chouette.

Les hiboux sont de vrais chats ailés.

Je ne vous donnerai pas leur miaulement pour
une musique agréable.

Mais vous ne goûtez guère plus la mélodie de nos
chats.

Vous savez cependant s'ils sont utiles !

Ne vous fiez pas seulement à la beauté et faites-
vous, mes amis, les protecteurs du hibou ; des épis
plus nombreux entreront dans la grange de vos
pères, et, avec eux, plus d'aisance et de bien-être.

IX.

J'ai la pensée de vous demander aussi des sympathies pour

> Demoiselle belette, au corps long et fluet.

Ce n'est pas que j'ignore tous ses méfaits. Je me
rappelle, par exemple, qu'au dire d'un poëte, un jour
elle

> Entra dans un grenier par un trou fort étroit :

Et que :

> Là, vivant à discrétion,
> La galande fit chère lie (1),
> Mangea, rongea, Dieu sait la vie,
> Et le lard qui périt en cette occasion.
>
> (LA FONTAINE, III, 17.)

J'aurais, mes amis, fort mauvaise grâce à prendre
la défense de ce mangeur de lard.

Mais si les souris pouvaient parler, elles vous diraient que

(1) Bonne chère.

> La nation des belettes,
> Non plus que celle des chats,
> Ne veut aucun bien aux rats;

Et que :

> Sans les portes étroites
> De leurs habitations,
> L'animal à longue échine
> En ferait, je m'imagine,
> De grandes destructions.

(La Fontaine, IV, 6.)

Et disons-le promptement, ces destructions abondent.

Avec son corps long et fluet, avec ses jambes si courtes, la belette pénètre dans les retraites les plus étroites et les plus cachées.

Ni l'épaisseur des buissons, ni les haies d'épine ne l'arrêtent; elle va même chercher sa proie sous la neige.

Le sang des souris est pour elle une friandise. Quand elle l'a bu, souvent elle laisse de côté leur chair; et si ces rongeurs sont trop nombreux, elle se borne à les étrangler.

Autant d'ennemis de moins pour nos moissons.

La belette pourtant n'en est pas mieux traitée, et plus d'un piége l'attend au retour d'une chasse à la gent souriquoise.

X.

On ne se montre guère plus bienveillant pour le hérisson; cependant c'est encore un de nos bienfaiteurs.

Sa démarche lente l'expose sans cesse aux attaques des animaux rapaces.

Mais, dans son habit de piquants et dans sa promptitude à se blottir comme une boule, il trouve de puissants moyens de défense.

Il est même à l'épreuve du poison. Ni les cantharides, ni les serpents avec leur venin ne peuvent rien sur lui; aussi en fait-il une grande consommation.

Vous entendrez dire en Normandie que le hérisson se roule sous les pommiers à l'automne, qu'il emporte les pommes piquées par ses épines pour s'en faire une réserve d'hiver.

C'est une fable. Le hérisson n'a jamais été frugivore. Ne le tuons pas pour des méfaits qu'il ne peut commettre.

D'un autre côté, la finesse de son odorat lui découvre la présence de sa proie, et fût-elle sous terre, il l'a bientôt saisie avec ses doigts armés d'ongles très-forts.

Les insectes et leurs larves, les vers, les limaces et les souris forment sa nourriture ordinaire.

On a peine à croire avec quelle adresse et quelle subtilité il se précipite à l'improviste sur ces rongeurs.

Mais sa chair est bonne à manger. Aussi dans certaines contrées, on le fait, par une guerre inintelligente, passer sur les tables, à côté des fruits et du pain qu'il a conservés.

Ainsi nous détruisons partout l'œuvre de Dieu, et souvent nous sommes les premiers à rendre inutiles nos travaux et nos sueurs.

Apprenons à connaître la nature, nous trouverons des trésors dans son sein et nous bénirons la Providence.

Agréez, etc.

Guerre faite aux petits rongeurs par les oiseaux nocturnes. — Les hiboux. — Les chauves-souris, etc. — Ingratitude dont ces êtres sont l'objet. — Une fable de la Fontaine. — Une des causes de nos antipathies pour les oiseaux nocturnes. — La belette et les souris. — Son ardeur à les poursuivre. — Le hérisson. — Comment sa constitution le protége contre ses ennemis et le favorise dans la recherche des rongeurs. — Pourquoi on le détruit.

Questions de grammaire. 2ᵉ *Division.* — Qu'est-ce qu'un mot, une syllabe? — Combien de syllabes dans les différents mots de cette phrase : *On abattit...* — Qu'est-ce qu'un substantif? — Combien de substantifs dans les trois premiers vers? — Indiquer leur genre, leur nombre. — Les écrire au pluriel.

1ʳᵉ *Division.* — A quelle époque vivait la Fontaine? — Qu'est-ce qu'une fable? — En quoi la poésie diffère de la prose. — Ce qu'on appelle en poésie *pieds, rimes.* — Apprendre cette fable par cœur. — La raconter en prose et par écrit.

QUATRIÈME LETTRE.

La Providence et la moisson naissante. — Le *Chlorops* et l'Hirondelle.
— Le Coucou. — La *Tipule.* — Un appel aux enfants.

Livry, 27 septembre 1868.

I.

Mes petits amis,

Je vous ai signalé quelques-uns des destructeurs du froment : le ver blanc, les souris, les mulots et les campagnols.

Vous les avez vus pratiquer leurs trous dans l'intérieur du sol, s'attaquer à la racine de la jeune plante, la séparer de sa tige. Celle-ci, privée des sucs qui doivent la nourrir, se dessèche et périt.

Voir de pâles et jaunissantes couleurs monter dans la tige, emporter le fruit des sueurs du laboureur et ses espérances, c'est un spectacle navrant.

Voilà les ennemis du froment et les ruines qu'ils produisent.

II.

Vous connaissez aussi les défenseurs placés par Dieu près des semences déposées dans nos sillons : corneilles, taupes, moineaux, hiboux, belettes, hérissons.

Quand nous ne les détruisons pas, ils poursuivent leur mission avec un instinct que rien n'égare.

Le succès couronne leurs efforts, et nos moissons sont conservées dans la phase de leur existence qui s'accomplit sous terre.

La radicule, sortie de la graine, peut alors pénétrer dans le sol, se couvrir d'un chevelu délicat et épais, s'épanouir en de nombreuses ramifications et aller demander aux couches environnantes les sucs nourriciers qu'elle enverra vers la tigelle.

Déjà celle-ci s'est élevée au-dessus des sillons pour chercher l'air et la lumière.

Il faut qu'elle nage comme nous, qu'elle se développe et se fortifie dans leur sein ; c'est un des côtés par lequel nos vies se ressemblent.

La Providence a même voulu employer l'homme et les plantes à se préparer mutuellement les éléments de l'air qu'ils respirent.

Un jour, pour porter vers elle votre cœur et l'ouvrir à la reconnaissance, je pourrai vous dire ces harmonies.

Pour le moment, revenons à notre tigelle.

III.

Vous savez avec quelles sympathies on salue cette nappe de verdure qui s'étend sur nos champs aux approches de l'hiver.

C'est comme une vie nouvelle, toute fraîche, et pleine d'espérances au milieu de la nature qui se meurt.

Mais qu'elle est frêle ! Le souffle le plus léger l'agite et la courbe vers le sol.

Toutefois, ne craignez rien ; il glissera sur elle

sans la briser. Ces ondulations de nos champs de blé sous un rayon de soleil égaré qui court avec le vent, ont même des charmes pour les regards.

L'ennemi de la petite tige si délicate vient d'ailleurs.

IV.

Il existe un insecte, une mouche presque imperceptible, appelé *Chlorops* par les naturalistes.

Que ce mot ne vous effraye pas, bien qu'il vienne du grec.

Chlorops (insecte parfait).

Il caractérise cet insecte par la couleur de ses yeux.

Ils sont verts, en effet, et d'un vert éclatant, un peu gros toutefois.

S'il tombe jamais entre vos mains, vous remarquerez sur le noir brillant de son corselet et de son abdomen plusieurs lignes courbes élégantes, d'un beau jaune.

Vous lui trouverez aussi *deux ailes*, qui le font ranger dans l'ordre des *diptères*.

Encore un mot grec entré dans notre langue.

On l'emploie pour désigner les insectes pourvus

de ces deux appareils à l'aide desquels ils volent et traversent les airs.

V.

J'hésiterais à vous donner ces étymologies, si vous ne deviez vous familiariser peu à peu avec une foule de mots, que l'on rencontre à chaque instant.

Je suis presque tenté de vous dire : aimez-les comme tout ce qui étend l'intelligence ; mais je me hâte d'ajouter : ne vous laissez pas prendre aux brillantes couleurs du *Chlorops*.

Il y a là pour votre âge une tentation à laquelle on est tout prêt à succomber.

Oui, défiez-vous du *Chlorops* comme de beaucoup de choses éclatantes.

C'est un des plus grands ennemis de nos moissons, non par lui-même, il est inoffensif, mais par sa larve.

Et vous n'avez pas oublié que l'on appelle de ce nom l'être imparfait sorti de l'œuf d'un insecte quelconque.

Si la larve du *Chlorops* est redoutable, ce n'est pas qu'elle ait de grandes dimensions.

Imaginez-vous une longueur de deux ou trois millimètres, vous aurez tout l'être.

En lui cependant se trouve renfermée une cause de destruction des plus actives.

Voici comment cette larve arrive à l'existence.

VI.

Aux approches des premiers froids, les femelles

du *Chlorops* déposent un œuf au centre des jeunes plantes de froment, c'est-à-dire des tigelles que vous connaissez.

Cet œuf y reste pendant l'hiver, et rien n'indique qu'il y ait là un ennemi caché, car les tigelles conservent leur vert le plus tendre.

Mais, au retour de la belle saison, une larve blanche, le ver du blé, sort de l'œuf.

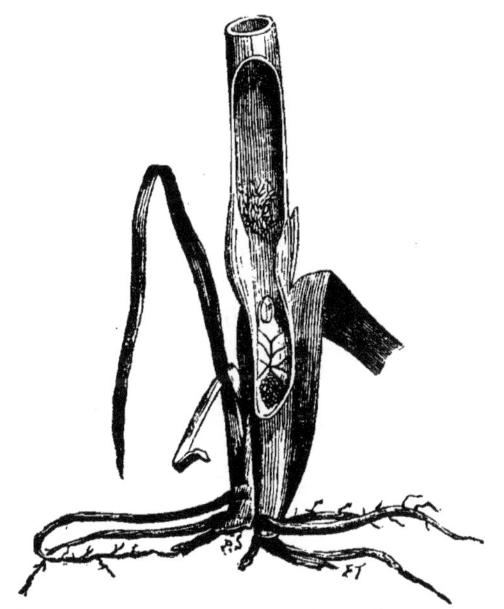

Chaume de blé renfermant une larve de Chlorops.

Alors commence l'œuvre de destruction. Elle est tout intérieure, la larve travaillant au centre de la tige, où elle empêche l'épi de se former.

Comme la racine est intacte, elle fournit toujours

des sucs nourriciers qui donnent naissance à des re-
jetons.

Mais ceux-ci grandissent peu ; ils portent des épis
chétifs et presque vides.

De là de tristes moissons, même dans les terres
les plus riches et les mieux préparées.

VII.

Le *Chlorops* qui les arrête dans leu développement, a reçu le nom de *lineata*, c'est-à-dire orné de
lignes, et encore de *pumilio* ou nain ; toujours sa
petite taille.

En Angleterre, on l'appelle la *mouche de la tige
du blé*.

Quel que soit son nom, il répand la ruine dans
nos champs.

Ce sont quelquefois comme des nuées innombrables qui tombent sur eux.

En 1854, le 1er octobre, ne invasion de ce genre
eut lieu près de Meudon.

Un jour, l'observatoire de Varsovie se trouva tout
à coup couvert de ces insectes ; on en évalua le nombre à 18 millions.

En septembre 1866 et 1867, ils envahirent un
château du département de la Somme. Parfois on en
retirait des millions étendus sans vie sur les par-
quets.

VIII.

Le *Chlorops* se multiplierait à l'infini, si la Provi-

Ne disparaît-il pas cependant assez tôt, cet ami, sans qu'on le poursuive ?

Vous le savez bien, quand les premiers froids s'annoncent, l'hirondelle s'en va chercher d'autres climats plus doux que le nôtre.

C'est l'époque où les larves du *Chlorops* restées en terre se transforment en nymphes, puis deviennent des mouches.

L'hirondelle n'est plus là pour les saisir ; elles déposent en sécurité leurs œufs dans les jeunes tiges de froment.

Ainsi les hivers précoces préparent des printemps funestes à nos moissons, le ver s'y développe, et elles dépérissent.

IX.

Au retour des beaux jours, n'entendez-vous pas déjà le Coucou ?

Vous connaissez cet oiseau au bec aussi long que la tête.

C'est le sonneur infatigable des tièdes chaleurs qui reviennent.

Ses chants qui nous annoncent les premiers soleils du printemps, nous égayent.

Quand vous l'entendez pour la première fois, vous portez la main à votre poche, et si vous y trouvez quelque pièce de monnaie, vous dites, le cœur à la joie : « je serai riche toute l'année. »

Le fait est qu'il apporte avec lui la richesse.

Il vient veiller sur les semailles de vos pères.

Et ces semailles développées et mûries ne donneront-elles pas à l'automne de belles pièces d'argent?

X.

Pour produire ces chants qui nous récréent, il a reçu de la Providence une langue qui, comme les vers, s'allonge quand son instinct l'exige.

C'est une organisation spéciale.

Je ne vous dirai pas qu'il lui doive le triomphe dont parle la fable.

Un jour, nous apprend-elle, il concourut avec le rossignol et il remporta le prix de chant.

Mais le juge était un âne.

Pour vous, quand vous saisissez ces sons qui viennent du lointain, vous avez l'oreille au guet, car ils sont pour vous comme un guide.

Vous savez que l'oiseau voyageur, arrivé des chaudes plages de l'Afrique ou de l'Asie, se dirige vers un nid pour y déposer ses œufs.

Ami de la fauvette, de la bergeronnette ou du rouge-gorge, c'est dans leur demeure qu'il pénètre surtout.

Sa couvée s'y trouve élevée par ses hôtes à l'égal des enfants de la maison.

Je n'ose, sous ce rapport, vous le donner comme un modèle, car je n'aime guère le paresseux qui s'installe sur le terrain d'autrui.

Mieux vaut reporter sa pensée sur les insectes nuisibles dont il nous délivre, et le suivre, dans sa course à travers les champs, à la recherche des chenilles et du *Chlorops*.

Il est bien là dans son rôle; puisque, petit être, il fait la garde près de nos moissons.

Taille réduite, courage infatigable à la chasse ; ces contrastes se voient souvent dans la nature et dans le monde.

XI.

Les avoines et les prairies ont aussi leur ver destructeur : c'est la larve de la *Tipule*, autre insecte à deux ailes et à six grandes pattes minces comme des fils.

Sa fécondité est effrayante. On a compté jusqu'à 210 larves sous $0^m 30$ carrés de gazon. Calculez combien il pourrait s'en trouver dans un mètre carré, et dans un hectare.

Cette larve attaque, non plus la tige, mais la racine de l'avoine, et, en général, des gazons de nos prairies.

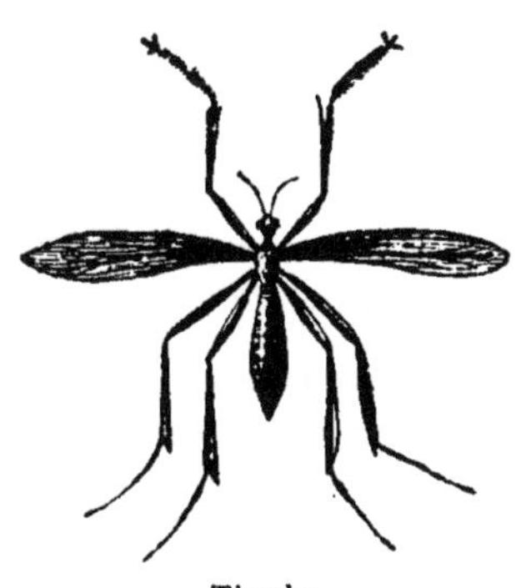

Tipule.

Elle fait le vide au-dessous d'eux, l'air s'y introduit ; ou bien elle ronge la racine fibreuse des plantes, l'herbe ne reçoit plus l'humidité intérieure du sol, se dessèche et périt.

Si l'espace désolé par ces larves a peu d'étendue, on peut y répandre du jus de fumier, qui les détruit et ravive les plantes.

Si les prairies sont trop vastes, point d'autre ressource pour faire disparaître l'ennemi que de labourer le sol et de le livrer pendant un an ou deux à d'autres cultures.

Quant aux avoines, souvent on prépare mal le sol destiné à recevoir la semence.

Quelquefois on choisit des trèfles de deuxième année, et c'est précisément un des milieux où les *Tipules* aiment à déposer leurs œufs.

D'autres fois on commence par semer dans ces trèfles des pommes de terre. Cette préparation a du bon, car la *Tipule* ne peut rien contre ce tubercule.

Mais la récolte faite vers la fin de juin, on laisse le sol inculte jusqu'en février de l'année suivante.

Les mauvaises herbes ont ainsi le temps de croître, et les *Tipules* s'y établissent.

Le remède, le voici : que l'on donne, en temps utile, deux ou trois façons superficielles au sol qui doit recevoir la semence de l'avoine.

Elles empêcheront les mauvaises herbes de paraître ; les *Tipules*, ne trouvant pas l'aliment que réclament leurs œufs, iront les porter ailleurs, et l'avoine *n'aura pas le ver.*

XII.

Me voilà, mes petits amis, sur le terrain de l'agriculture; c'est à dessein; je voudrais vous y entraîner tous.

Il faut que vos pères comprennent les avantages de l'enseignement de nos classes.

Ils le feront, je l'espère, quand vous pourrez parler avec eux de leurs moissons et leur exposer les moyens de les préserver de la destruction.

Ils trouveront à vous entendre, après l'école, plus de profit qu'à vous retenir pour cueillir quelques pommes ou chasser à la charrue.

L'intérêt est un maître puissant; on finit toujours par se rendre partout où il parle!

A bientôt la suite de nos entretiens; puissiez-vous y prendre goût!

Agréez, etc.

Rappeler l'insecte et les rongeurs qui détruisent la racine du froment; les oiseaux qui la protégent contre leurs ravages. — Ce que deviennent la radicule et la tigelle quand rien ne les attaque. — Qu'est-ce que le *Chlorops?* — A quel ordre d'insectes il appartient. — Leçons qu'il nous donne. — Ses dimensions. — Développements de sa larve. — Double rôle de l'hirondelle. — Époque de son émigration. — Le Coucou. — Dangers des hivers précoces. — Fécondité de la *Tipule.* — Ses ravages. — Comment on peut les arrêter. — Soins à donner au sol après la récolte des trèfles. — Utilité de l'enseignement agricole.

QUESTIONS DE GRAMMAIRE. 2ᵉ *Division.* — Désigner le genre et le nombre des articles et des adjectifs qui se trouvent dans le premier paragraphe. — Expliquer le pourquoi de leur orthographe.

1ʳᵉ *Division.* — Faire connaître la nature des verbes du second alinéa, leurs temps primitifs et ceux qui en sont dérivés.

CINQUIÈME LETTRE.

Influence des saisons sur la propagation des insectes. — Chasses constantes faites par les oiseaux. — La Sitelle, les Pics et la Mésange. — Le Crapaud. — Conséquences funestes de l'ignorance.

Caen, 16 octobre 1868.

I.

Mes petits amis,

Voyez quel équilibre parfait la Providence sait établir entre les insectes nuisibles et les animaux utiles.

Si, comme cette année, les chaleurs du printemps et de l'été dessèchent les terres, brûlent les prairies, tarissent les sources, alors les chenilles et les insectes redoutables pour les moissons se multiplient.

Leurs couvains d'œufs sont partout, sur le sol, au milieu des broussailles, dans les gerçures des arbres, le long des branches, à l'extrémité des ramilles, parmi les feuilles tombées et amoncelées par les vents.

Là, sous les rayons du soleil, au retour du printemps, vous entendez comme des bruissements incessants.

C'est la vie qui s'agite et se développe ; l'œuf qui se brise pour laisser sortir la larve ; l'œuvre de destruction que celle-ci commence.

Mais une fécondité plus grande est alors donnée aux êtres qui attaquent sous terre les insectes : ainsi, les musaraignes, les taupes, etc.

La ponte des oiseaux insectivores est elle-même plus considérable.

II.

Chaque espèce poursuit aussi une proie particulière, et elle le fait dans des milieux déterminés : l'étourneau, les culs-blancs, les alouettes, en pleine campagne ; les grives, les rossignols, le rouge-gorge, dans les broussailles et les forêts ; les fauvettes et la plupart des rousserolles, dans les roseaux et les gazons à haute tige, les blés, les colzas, les légumes voisins des haies et des bocages. ·

Les pouillots saisissent les insectes et leurs larves en voletant et en sautillant sur les arbres.

Les hirondelles les attrapent en rasant les édifices, le blé, le colza, les herbages et les fleurs ; les roitelets huppés les trouvent au bout des petits rameaux ; les mésanges, à l'extrémité des ramilles les plus flexibles ; les pics, les grimpereaux et la sitelle, le long des troncs des vieux arbres, dans les fentes et les crevasses de leur écorce.

L'engoulevent ou hirondelle de nuit est à la chasse depuis la brune jusqu'à une heure avancée de la soirée, souvent même jusqu'au matin.

Ne l'avez-vous jamais vu ouvrir son bec jusqu'aux oreilles et engouffrer sans peine les plus gros papillons?

La corneille freux, le choucas et la huppe cherchent les vers, les larves et les limaces au-dessus et au-dessous de la surface du sol.

Pour les découvrir, les grives retournent et dispersent les feuilles tombées.

L'étourneau en fait autant dans les prés et les pâturages ; il excelle encore à extraire les limaces et les chenilles qui se retirent sous les racines des arbres afin d'éviter la lumière du soleil.

Ainsi, la Providence a donné à ces animaux utiles la mission de prévenir la multiplication démesurée des rongeurs et des insectes nuisibles.

Elle veut que rien ne trouble l'équilibre établi par elle dans l'économie de la nature.

Mais il nous arrive souvent de renverser ses plans, en détruisant les êtres qui devaient veiller pour nous.

III.

Et n'avez-vous jamais remarqué le spectacle qu'ils nous offrent, lorsqu'ils accomplissent leur œuvre ?

Voyez la sitelle et les pics, etc. Ils grimpent, frétillent le long des arbres, dans toutes les directions, en haut, en bas, de côté, à grands sauts, la tête toujours en avant.

Pas un de ces mouvements si rapides et si variés qui n'ait un but et qu'ils n'atteignent avec sûreté.

Tantôt leur langue pointue pique les insectes et saisit leurs larves jusque sous l'écorce.

Tantôt ils frappent pour faire sortir ces insectes de l'autre côté de l'arbre ; ils s'y glissent ensuite avec agilité.

On dit alors que le pic perce les arbres et se précipite pour voir si la pointe de son bec a traversé. Encore une puérilité !

Les vieilles légendes allemandes prétendent qu'il

sait trouver une racine qui ouvre toutes les serrures.
Il fait mieux : il détruit nos plus terribles ravageurs !

IV.

Et les mésanges ?

Les voilà qui s'accrochent aux branches les plus
faibles.

Elles s'y suspendent dans toutes les positions ; on
dirait qu'elles flottent au milieu des airs.

Des œufs imperceptibles de papillon sont collés à
ces branches, ou cachés dans les bourgeons des
arbres.

Mais ils n'échapperont pas à la finesse de l'odorat,
à la vue perçante et à la course rapide de l'oiseau
qui doit les poursuivre.

Car la Providence a combiné avec une sagesse in-
finie le rôle de chaque être et ses moyens d'action.

Le plus souvent nous ne remarquons aucune de
ces merveilles.

Nous privons ainsi notre cœur d'un sentiment d'ad-
miration qui l'eût doucement ému ; notre intelligence, d'une occasion incessante de pénétrer plus
profondément dans les mystères de la création.

La nature est un livre écrit en lettres d'or ; es-
sayons de le comprendre pour nous enrichir.

V.

Et maintenant voici comment, sous d'autres in-
fluences atmosphériques, l'équilibre entre les oiseaux

utiles et les insectes nuisibles se rompt d'abord et se
rétablit ensuite.

Quand les printemps et les étés sont frais, humides, les œufs reçus dans des nids exposés aux pluies
ou placés sur le sol s'altèrent pour la plupart ; le
petit oiseau n'arrive pas à la vie ou il ne tarde pas à
périr.

Que d'existences utiles ainsi arrêtées dans leur
germe !

La Providence sait encore compenser cette perte,
car les conditions atmosphériques que je vous signale, sont aussi funestes aux insectes et à leurs
larves.

Ainsi l'équilibre est assuré ; mais nous le trou-
blons encore, en sacrifiant à des plaisirs de tout
genre les oiseaux qui nous protégent.

VI.

Nous voilà dans un automne qui paraît devoir être
doux.

S'il se prolonge, il favorisera la multiplication des
limaces ; elles pourront faire souffrir nos champs de
blé.

Leur action a été parfois si désastreuse que l'on a
dû ensemencer de nouveau.

Toutefois cette douce température retient parmi
nous leurs ennemis : étourneaux, vanneaux, freux,
pluviers, etc.

La guerre est active, incessante, car les limaces
sont l'aliment de beaucoup d'oiseaux.

Quelquefois vous voyez ceux-ci s'abattre en masse sur des champs de blé.

On s'imagine qu'ils vont y causer des dégâts ; on s'arme contre eux et on les détruit.

Là, nous sommes encore victimes de notre ignorance.

Que l'on ouvre l'estomac de ces oiseaux arrêtés dans leur œuvre par le plomb du chasseur, on le trouvera rempli de limaces et d'insectes.

VII.

Voulez-vous une autre conséquence malheureuse de nos préjugés ?

Par un temps d'orage, vous voyez souvent des crapauds sortir des lieux sombres et humides, des trous des vieux murs, ou du milieu des pierres amoncelées.

Leur nombre est quelquefois considérable.

On pense à une pluie de crapauds. C'est une erreur. Ces êtres, sous l'influence de l'atmosphère, quittent leurs retraites.

Je ne veux défendre ni leur forme trapue et ramassée, ni leur corps globuleux, tout couvert de verrues, ni la bave qu'ils épandent quand ils s'irritent.

L'air qui s'accumule alors dans leurs poumons en fait, je le sais, un objet de répugnance et d'horreur.

On frissonne à leur aspect, on saisit des pierres, on les écrase.

Le pauvre animal, lourd et hideux, si l'on veut, a

pourtant son rôle protecteur, sans qu'il y ait rien à craindre de sa bave.

Que de limaces il fait disparaître entre ses coassements monotones, plaintifs, flûtés, et les sauts pesants qu'il essaye !

Ouvrez son estomac, il est bourré d'insectes, de vers avalés dans ses courses nocturnes.

VIII.

Je sais tout ce dont on l'accuse.

Il tète les vaches et les chèvres ! toujours la même erreur traditionnelle ; point de preuves.

Sa morsure est venimeuse ! Mais le pauvre animal n'a pas de dents.

Oh ! que l'ignorance est une triste chose !

L'industrie commence à le comprendre.

Peut-être vous étonnerai-je en vous disant qu'elle élève des crapauds pour leur confier contre les limaces la défense de nos jardins.

A Londres, un crapaud ordinaire se vend 1 franc, au moins.

On l'établit maître absolu dans les jardins.

Tous les semis et les primeurs s'y développent pour la plus grande jouissance des gourmets.

Là, on finit par admettre ce proverbe : « Le crapaud est l'ami de l'homme. »

Que de sueurs cesseraient d'être stériles, que d'épis et de fruits conservés pour notre alimentation, si nous savions nous affranchir de l'ignorance !

IX.

A vous, mes petits amis, de la poursuivre partout où elle se présente.

Rendez fécond pour le présent et pour l'avenir le temps de l'école.

Sous la parole de vos maîtres, préparez-vous, dans la classe, des triomphes qui tourneront au profit de la famille.

Pour les sacrifices qu'elle s'impose, portez dans son sein des connaissances propres à accroître sa prospérité, à rendre plus fertiles ses labeurs, ses sueurs et ses veilles.

Regardez vous-mêmes vers les jours où vous aurez à cultiver les champs de vos pères. Vos ressources les plus puissantes seront alors la science et la rosée de Dieu.

Et maintenant comprenez-le :

Par le travail, tout plaît, tout s'unit, tout s'arrange.
Allez donc à l'école ; allez, mon petit ange !
Les chiens ne lisent pas ; mais la chaîne est pour eux.
L'ignorance toujours mène à la servitude.....
Enfant, vous serez homme, et vous serez heureux.

(Mme DESBORDES-VALMORE.)

Que je voudrais vous affranchir de toute servitude et préparer votre bonheur !

C'est là un vœu de mon cœur ; vous l'agréerez avec le vôtre, mes petits amis.

En quoi les chaleurs du printemps et de l'été sont favorables à la propagation des insectes nuisibles et à celle des oiseaux qui les poursuivent. — Montrer comment chaque espèce d'oiseaux accomplit son œuvre dans des milieux particuliers. — Rapports entre la configuration de chaque être et le rôle qu'il doit remplir. — Beauté de l'étude de la nature. — Ce que produisent les étés humides et les automnes doux. — Guerre malheureuse faite aux protecteurs de nos moissons. — Le Crapaud. — Comment il faut employer en faveur de l'avenir le temps de l'école. — Un vœu.

QUESTIONS DE GRAMMAIRE. 2e *Division*. — Sens du mot *équilibre*. — Combien de saisons dans l'année. — Époques où elles commencent et où elles finissent. — Qu'est-ce qu'un verbe? — Combien de conjugaisons? — Comment les distingue-t-on?

2e *Division*. — Qu'est-ce qu'une proposition? — Quels sont les éléments d'une proposition? — Comment reconnaît-on une phrase? — Appliquer ces données aux deux premiers alinéas de cette lecture.

SIXIÈME LETTRE.

L'hiver. — Echenilloirs et échenilleurs. — Légende du rouge-gorge. — La gerbe de Noël dans les contrées du Nord. — La chasse aux oiseaux. — Un jugement.

Vire, 28 novembre 1868.

I.

Mes petits amis,

Les premières gelées venues, la plupart des oiseaux qui protégent nos semences ont déjà disparu.

L'hirondelle leur a donné le signal du départ et la marmotte a sonné l'heure de la retraite pour les animaux hibernants.

La taupe se prépare un calorifère naturel au sein de son terrier, dans la couche de foin qui lui sert d'édredon ; le loir en trouve un au cœur de l'arbre où il se retire ; pour s'abriter contre le froid, les chauves-souris se suspendent en grappes aux voûtes des cavernes, des granges et des vieilles cheminées.

II.

Au dehors, l'hiver détruit des myriades de mulots et d'insectes.

Les dépouilles et les débris accumulés sous cette influence se transforment en la terre végétale par excellence que l'on appelle *humus*.

Cependant tous les insectes nuisibles ne périssent pas.

Regardez à certaines branches, vous y trouverez des œufs de chenilles agglomérés dans des nids et recouverts d'une soie imperméable à l'humidité.

D'autres entourent, comme un anneau, de petites branches, et sont enduits d'un vernis conservateur.

En ce moment j'ai sous les yeux deux arbres dépouillés de leurs feuilles depuis un mois.

Tout est envahi par des dépôts qui font là l'effet d'un poison.

On dirait que la vie se retire peu à peu du sommet vers les racines.

Il faudra, vers la fin de l'hiver, écheniller ces arbres ; qui négligerait cette opération serait passible d'une amende.

Le travail est, du reste, rendu facile par les *Echenilloirs*.

III.

Imaginez-vous un instrument en forme de ciseaux.

On le place au bout d'un long manche qui permet d'atteindre les branches élevées ; on le fait manœuvrer à l'aide d'une ficelle, et la partie coupée tombe dans un filet intérieur.

Voilà l'*Echenilloir* et la manière de s'en servir.

. On se le procure à des prix modérés.

IV.

La Providence nous envoie aussi des *Echenilleurs*.

Ce sont de petits oiseaux à couleur noire, ou d'un gris bleu moucheté de blanc.

Leur taille ne dépasse guère 20 à 25 centimètres.

Ils ont un bec gros, échancré à sa pointe, élargi à sa base et un peu bombé, des ailes médiocres, une queue large, à rectrices raides, souvent terminées par une pointe très-aiguë.

Impossible de se figurer une conformation plus en rapport avec le rôle de ces oiseaux.

Les arbres sur lesquels ils tombent sont bientôt délivrés des chenilles.

A cette destruction concourent également d'autres oiseaux indigènes : les moineaux, les roitelets, les mésanges, les rouges-gorges, etc.

Mais pour eux tous viennent de mauvais jours.

V.

Ce sont les temps nébuleux, doux et froids, qui se succèdent en hiver.

Alors le givre et le verglas s'attachent aux rameaux et aux branches des arbres ; tout un côté du tronc est souvent envahi !

L'enfant du pauvre vous dit en ces jours, mes petits amis :

J'ai faim · vous qui passez, daignez me secourir.
Voyez : la neige tombe et la terre est glacée ;
J'ai froid : le vent se lève et l'heure est avancée,
Et je n'ai rien pour me couvrir.

(ALEX. GUIRAUD.)

Cette prière vous touche, mes amis, et vous donnez au petit mendiant du pain, un vêtement, une place au foyer.

Soyez toujours généreux.

Tel est des livres saints l'enseignement suprème,
Qu'un ange suit le pauvre et veille sur ses pas ;
Qu'un refus est là-haut puni comme un blasphème ;
Qu'un cri de faim maudit tous ceux qu'il n'émeut pas,
Et, qu'en donnant aux pauvres, on prête à Dieu lui-même.
Donnons, mais sans éclat, et même avec mystère ;
Là-haut veille sur nous un témoin précieux ;
Donnons. Ce qu'on répand d'aumône sur la terre
S'amasse en trésor dans les cieux.

(ALEX. GUIRAUD.)

VI.

Mais il est d'autres souffrances encore que celles du pauvre.

Quand l'hiver couvre tout de glace et de tristesse,
Lorsque tu dors, enfant, sous de légers rideaux,
Tu n'entends pas alors tous les cris de détresse
Poussés par les petits oiseaux.

Comme leur voix, Marie, est touchante et plaintive !
Ils vont mourir de faim, de froid et de douleur.

(Mlle RODIER.)

Car pour eux aussi la terre est couverte, la nourriture leur manque, ils grelottent sous leur plumage hérissé.

Les voilà qui frappent à la croisée de votre demeure, qui sollicitent un asile, une miette de pain et se confient à votre cœur.

VII.

Parmi eux, voyez ce petit rouge-gorge.

Pendant les beaux jours, il s'attachait au pas du bûcheron, dans la forêt ; il s'arrêtait sur le toit de chaume, se posait sur l'instrument du travailleur, becquetait son pain, continuait son ramage jusqu'à ce que l'heure du repos eût sonné, et le premier des oiseaux il chantait le réveil de la nature.

Maintenant transi de froid, mourant de faim, le pauvre petit être demande pitié.

Vous serez sensibles, comme il le fut lui-même, à de grandes souffrances.

C'est une légende qui nous le rapporte ; elle est si belle que je veux vous la conter.

VIII.

Le Sauveur Jésus était attaché à la croix, sur le sommet du Golgotha.

A ses pieds, la foule insultait à ses douleurs.

Sur ces hauteurs du Calvaire, il eut pourtant un consolateur et un ami.

Ce fut un petit oiseau.

Il s'approcha du patient, essaya de le consoler par

ses chants et détacha une épine de la couronne du Rédempteur afin d'adoucir ses souffrances.

Jésus-Christ, pour le récompenser, laissa tomber une goutte de sang sur sa poitrine, où elle restera toujours comme une trace glorieuse.

Le rouge-gorge était cet oiseau du Calvaire.

Il reçut aussi pour mission de s'attacher aux pas de ceux qui travaillent et qui souffrent.

Le consolateur et l'ami pouvait-il trouver une consécration plus auguste des sentiments qui l'avaient inspiré ?

Afin qu'un regard du Sauveur tombe aussi sur notre cœur, aimons tout ce qui souffre ; soyons compatissants pour les oiseaux qui s'égarent au milieu des neiges.

Soyons bons pour eux, comme on sait l'être dans les contrées du Nord.

IX.

Là, quand les anges dans les cieux et les hommes sur la terre chantent la naissance du Sauveur, on veut que les petits oiseaux eux-mêmes prennent part à la joie commune.

Ils périraient de misère, car les frimas sont partout ; d'épaisses couches de neige couvrent la terre.

Mais la charité se montre alors compatissante et délicate dans sa prévoyance.

Des gerbes de blé sont placées sur le faîte des granges, comme une couronne, comme le don de joyeux avénement de l'Enfant Jésus.

Les habitants des airs viennent se reposer sur cette

gerbe de Noël ; ils comprennent qu'elle est pour eux ; ils puisent dans ses épis la force, la vie et des chants qui se mêlent à ceux de la création tout entière.

Que ne pouvons-nous saisir dans leur mélodie la note de la reconnaissance ! Qu'elle doit être sympathique et éloquente sur le cœur de Jésus ! Que de bénédictions elle fait descendre sur les bienfaiteurs !

Pourquoi n'avons-nous pas aussi la gerbe de Noël ? Qu'elle vienne remplacer des habitudes barbares ! A peine ai-je le courage de vous les signaler.

X.

Alors on s'en va, une torche à la main, battre les buissons pour effrayer les oiseaux.

On se rit de leur stupeur, on les saisit dans le vol éperdu qui les emporte vers la lumière à laquelle ils demandent un refuge ; souvent on les fait souffrir et on les tue toujours.

Ou bien :

Si la faim les pousse dans la neige
Vers les maisons, — ô les pauvres oiseaux !
Ils trouvent là le lourd pavé d'un piége
Qui les attend pour leur broyer les os !

L'enfant les plume, et la mère fait cuire
Ces corps charmants qui voltigeaient si bien.
Peut-on tuer, pour l'amour de détruire,
L'oiseau qui souffre, et qui ne vous fait rien !...

Pour vous, si l'un de ces chers petits êtres
Venait frapper du bec à vos carreaux,
Amis, de grâce, ouvrez-lui vos fenêtres :
L'homme des champs doit aimer les oiseaux.

(GEORGES LEGUESNIER.)

4.

XI.

Un jour, l'Aréopage d'Athènes condamna à mort un enfant qui avait crevé les yeux d'une caille.

Ce jugement vous paraîtra sévère, je le veux bien; comprenez toutefois la pensée qui l'inspira.

On ne voulut pas seulement punir l'acte en lui-même, mais la froide cruauté du coupable.

Il l'avait exercée sur un petit être innocent et sans force; il s'était fait une joie de ses souffrances; il avait étouffé dans son cœur ces sentiments d'humanité qu'il faut s'attacher à rendre sans cesse plus délicats et plus riches.

C'était un triste exemple pour l'enfance; il fallait soustraire à ses regards celui qui l'avait donné.

Vous, mes amis, ouvrez votre âme à de douces et généreuses sympathies pour tout ce qui est faible; un bon cœur est un des dons de Dieu.

Aimez les petits oiseaux; ils sont le symbole de la grâce et de l'innocence.

Si, pendant l'hiver, ils implorent votre pitié, ils sauront, au retour du printemps, payer largement votre hospitalité.

Agréez, etc.

Ce que deviennent la plupart des oiseaux aux approches de l'hiver. — Qu'appelle-t-on *humus?* — Où se retirent les chenilles? — En quoi consiste l'échenillage? — Faire connaître les échenilleurs. — Comment il faut traiter pendant l'hiver les pauvres et les oiseaux.—Raconter la légende du rouge-gorge. — Opposer aux mœurs douces des pays du Nord les habitudes barbares qui règnent encore dans quelques-unes de nos contrées. — Qu'était l'Aréopage? — Quelle leçon nous donne son jugement?

QUESTIONS DIVERSES. 2e *Division.* — Quand un adjectif peut-il être employé comme nom ? — Indiquer ceux qui se trouvent à ce titre dans le paragraphe VIII. — Faire connaître les contrées placées au nord de l'Europe.

1re *Division.* — Quels sont dans les verbes les modes dits *personnels ?* — Indiquer les modes et les temps qui se trouvent dans les cinq premiers alinéas du paragraphe VIII.

SEPTIÈME LETTRE.

Fécondité des insectes. — En quoi quelques-uns servent à l'alimentation. — **Encore le** *Chlorops.* — Importance de l'esprit d'observation. — Le retour de l'Hirondelle. — La Bergeronnette.

Caen, 28 décembre 1868.

I.

Mes petits amis,

Vous souvient-il du *Chlorops* (1) ?

Cet insecte microscopique est, vous le savez déjà, un des premiers ennemis que rencontre la tige de nos céréales.

Ses espèces sont nombreuses.

Il y a le *Chlorops* du seigle, du chanvre, de l'orge, du blé, etc.

Quant à compter les individus de chaque espèce, il n'y faut pas songer ; tant leur fécondité, comme celle de tous les insectes, est effrayante !

(1) Voir plus haut, p. 39.

II.

Certains *Coléoptères* (1) pondent jusqu'à six mille œufs.

Les *Diptères* (2), ordre auquel appartient le *Chlorops*, ne leur en cèdent guère sur ce point.

Ils déposent leurs œufs un peu partout : dans la tige naissante des céréales, sous la peau de certains animaux, au sein des liquides corrompus ou des substances en putréfaction, même sous l'eau.

On parle d'un lac (3) situés près de Mexico, dans lequel on trouve un immense dépôt de petits corps blancs, sphériques et mous.

Ce sont les œufs de deux *Corises*.

Ces insectes, de la famille des *Hydrocorises* (4), vivent habituellement dans l'eau et n'en sortent guère que le soir pour voler d'un étang dans l'autre.

On recueille ces œufs et on les vend sur les marchés de Mexico, comme aliment, sous le nom d'*haoutle*.

Les gens du pays n'en sont pas moins friands que les Chinois de leurs nids d'hirondelles ; pour quelques pièces de monnaie, on peut en avoir un boisseau.

Rien de plus facile que de les recueillir.

(1) Coléoptères, du grec *coléos*, gaine, étui, et *ptéron*, aile.
(2) *Diptères*, du grec *dis*, deux, et *ptéron*, aile.
(3) Le lac de *Chalco*.
(4) *Hydrocorises*, du grec *hydôr*, eau, et *koris*, punaise. Ces insectes sont aussi appelés *punaises d'eau*.

Des claies sont immergées dans le lac ; les *Co-rises* viennent y déposer leurs œufs.

On retire ces claies, on les expose au soleil, et, en les secouant sur des nappes, on détache les œufs comestibles.

On en fait, paraît-il, un commerce considérable.

Jugez par là de la fécondité de ces insectes, et revenons à nos *Chlorops.*

III.

Malgré leurs variétés, ils ont des caractères communs : une tête, un corselet, un abdomen ; des pieds, des ailés et des antennes ; une taille qui ne dépasse guère la longueur d'une ligne (1).

Mais leurs couleurs varient du rouge au blanc, du noir au vert, et elles sont diversement jetées sur le corps de l'insecte.

Ces petites mouches échappent pour la plupart aux rigueurs de l'hiver.

Si vous regardez bien au plafond des appartements quelque peu délaissés, ou dans les lierres qui tapissent les vieilles murailles, vous les découvrirez par milliers.

Elles trouvent là un abri qui leur permet d'attendre le retour des beaux jours.

Elles semblent alors se réveiller et elles se précipitent en masse sur nos céréales ; elles en percent les tiges avec leur tarière, et elles y déposent des œufs.

Ceux-ci ne tardent pas à s'ouvrir pour livrer pas-

(1) Deux millimètres environ.

sage à des larves. C'est la destruction qui s'avance avec elles.

IV.

Quelques-unes s'établissent à la base des tiges du seigle, près du collet.

Dès le mois de mars, on remarque en cet endroit une grosseur anormale ; la vie s'y concentre et la croissance des parties supérieures est arrêtée.

Quand on ouvre cette première articulation, on y découvre un petit ver blanc, long de quatre millimètres environ.

Il a dix anneaux, la tête pointue, noire à son extrémité, avec la forme d'un V.

A la fin de mai, il passe à l'état de chrysalide.

De la pupe (1), qui est jaune et brillante, plate et annelée, des mouches s'échappent vers le 12 juin.

V.

Voici une autre espèce : c'est la larve du *Chlorops* de l'orge.

Longueur : quatre millimètres et demi ; couleur blanche ; forme allongée, presque cylindrique ; tête armée d'un crochet buccal noir.

Pupe brune, un peu moins longue que la larve ; extrémité postérieure plus large que l'extrémité opposée.

(1) Nymphe ou pupe. C'est le second état par lequel la plupart des insectes passent avant de parvenir à celui de la perfection.

Autres modifications concernant la mouche : longueur réduite à trois millimètres ; couleur jaunâtre ; tête marquée de deux taches noires triangulaires, placées l'une devant l'autre.

VI.

Ces détails bien arides, mes petits amis, ne vous présentent rien des tableaux frais et riches que votre imagination aime tant à contempler.

Cependant, le croiriez-vous ? je prends un certain plaisir à multiplier ces énumérations, non, certes, pour vous apporter des ennuis.

Mais je voudrais exciter en vous l'esprit d'observation ; c'est une des grandes puissances de l'homme.

J'aimerais tant à vous établir au sein de la nature, avec ce regard vif et pénétrant qui entre dans ses profondeurs, lui dérobe ses mystères et ses trésors, pour transformer ceux-ci en des sources de bien-être, ou arrêter dans leur développement les forces ennemies.

Or, ces larves et ces mouches commenceront bientôt leur œuvre destructive.

Dans les insectes qui vont pulluler, cherchez les caractères que je vous signale.

Connaître son ennemi, c'est avoir déjà contre lui un élément de puissance.

La Providence ne nous laisse jamais complétement désarmés.

Elle nous offre le double secours de la science qu'il faut savoir provoquer, et de la confiance en elle qui ne doit jamais oublier cette maxime : « *Aide-toi, le ciel t'aidera.* »

VII.

Vous me croyez peut-être loin de nos *Chlorops* ; pas le moins du monde.

Sous la conduite de vos maîtres, allez à leur poursuite.

A tout âge, au vôtre surtout, le mouvement, c'est la vie.

Voyez quelle agilité déploient ces insectes ! Comme ils savent distinguer la jeune tige où pourront vivre les larves sorties de leurs œufs !

Mais reconnaissez aussi, dans l'oiseau qui voltige sur nos têtes ou se précipite à tire-d'ailes, le destructeur de nos ennemis.

VIII.

Déjà je vous ai parlé de l'hirondelle (1).

A l'approche des mauvais jours, elle s'en est allée vers des climats plus doux ; le soleil nous la ramènera.

> A la petite voyageuse,
> Sans palais sur la terre,
> Dieu prépare au sommet de la tour solitaire
> Une tuile pour ses petits.
>
> (LAMARTINE.)

Par un temps calme et serein, vous la verrez monter et se jouer dans les airs ; raser le sol et la cime de nos moissons, quand viendra l'humidité.

(1) Voyez p. 45 et suiv.

Toujours ses courses rapides et si variées la porteront vers les insectes dont elle fera l'aliment de sa couvée.

Tandis qu'elle est encore loin de nous, voici la grive et l'étourneau qui débarrassent des limaces et des escargots nos semailles d'hiver.

IX.

Puis-je oublier ce bijou d'oiseau qui s'appelle la bergeronnette ?

C'est l'amie de l'homme.

Ne lui donnez pas une prison étroite, elle y mourrait.

Cette petite créature, sur laquelle la Providence a jeté des trésors de grâce et de beauté, vit surtout de liberté.

Ouvrez-lui votre demeure, mais faites-en comme un membre de la famille ; elle donnera, pendant l'hiver, la chasse aux mouches dont je vous ai parlé ; elle ramassera les miettes tombées de vos tables.

La confiance lui vient si promptement, qu'elle se place à la portée de l'arme du chasseur ; souvent la petite imprudente, digne d'un meilleur sort, sait à peine fuir.

Dans les champs, elle devient la compagne du berger.

Son instinct divinateur l'avertit de l'approche des loups et des oiseaux de proie.

Si elle ne peut garder les brebis, souvent elle les sauve.

X.

Qu'elle est gracieuse à contempler au milieu des troupeaux !

La voilà qui se promène sans crainte, qui voltige et sautille, agite sa longue queue et va se poser sur le dos des vaches, des oies et des moutons.

Il y a là des milliers de ces petits insectes que nous avons signalés.

Elle les saisit sous la laine et le duvet ; puis, quand elle a délivré d'un ennemi l'être qui la porte, elle s'échappe et bondit, joyeuse de l'œuvre accomplie.

Pendant les jours d'hiver, elle vit sur le bord des ruisseaux, dans les roseaux et les laîches, toujours à la recherche des larves et des insectes.

Quand viendra l'été, nous la trouverons partout, poursuivant les mouches de tout genre, y compris le *Chlorops*.

Nous demanderons alors à la poésie ses inspirations les plus fraîches pour chanter la bergeronnette.

Agréez, etc.

Fécondité de quelques insectes. — En quoi ils peuvent servir à l'alimentation. — Encore le *Chlorops*. — Son organisation. — Où il se retire pendant l'hiver. — Où il dépose ses œufs au retour du printemps. — Ses ravages. — Du *Chlorops* de l'orge. — Importance de l'esprit d'observation. — Avantages pour la santé de la chasse aux insectes. — Le retour de l'hirondelle. — De la bergeronnette. — Accueil qui doit lui être fait. — Services qu'elle nous rend.

QUESTIONS DE GRAMMAIRE. 2e *Division*. — Qu'appelle-t-on adjectifs démonstratifs, possessifs, indéfinis, numéraux ? — Chercher des exemples dans le premier paragraphe.

1re *Division.* — De combien de manières peut-on écrire les mots vingt, cent, mille, quelque, tout? — Où se trouve Mexico?

HUITIÈME LETTRE.

Les *Teignes.* — L'*OEcophore* des blés. — De quelques oiseaux protecteurs. — Le *rouge-gorge.* — Respect aux nids des oiseaux.

Lisieux, 15 janvier 1869.

I.

Mes petits amis,

Plus d'une fois, vous avez entendu parler des *Teignes* ou *Tinéites.*

Je voudrais vous dire : nous avons là une tribu de l'ordre des *Lépidoptères.*

Mais voilà un mot bien savant.

Pour échapper, autant que possible, au reproche de le placer sous vos regards, je m'empresse d'ajouter : les *Lépidoptères* sont ce que vous appelez des *Papillons.*

Ils doivent leur nom à une poussière farineuse répandue sur leurs ailes, sous forme d'*écailles* colorées, mais visibles seulement au microscope (1).

C'est un des ordres les plus remarquables de la classe des insectes; les *Teignes* passent pour être les plus petits des Lépidoptères connus.

Leur corps a une forme presque linéaire.

(1) Du grec *lépis*, génitif, *lépidos*, écaille, et *ptéron*, aile.

II.

Cette petite taille ne les empêche pas d'être fort jolis, parés de couleurs brillantes, mais aussi très-destructeurs.

Ils forment un grand nombre d'espèces et de variétés.

On distingue la Teigne des pelleteries et des fourrures, des tapisseries, du crin, du thym, de la cire, du chocolat, du faucon, des grains, du cerisier, de l'aubépine, etc.

En été, vous les voyez voler, pour la plupart, dans les appartements, et vous surprenez sur leurs ailes des couleurs qui passent du gris jaunâtre argenté au gris plombé brillant, avec des points bruns ou noirs, blancs ou cendrés.

Quelques-unes cependant évitent la lumière. On trouve leurs chenilles au milieu des débris de toute nature accumulés à leurs côtés.

Elles cherchent en général des étoffes de laine ou des fourrures, des tapisseries ou des livres, et elles y déposent leurs œufs.

Là s'accomplit la destruction dont se plaignent vos parents, les savants, les agriculteurs.

Car les chenilles de la Teigne détériorent vos habits, vos robes, vos mouchoirs, vos berthes, les collections d'histoire naturelle, les céréales, tout ce qui se trouve sur leur passage.

Cette destruction n'est pas l'œuvre du papillon lui-même, mais des chenilles qui sortent de ses œufs.

III.

Elles sont armées de mandibules d'une grande puissance.

Les unes se contentent de ronger dans les étoffes ce qui leur est nécessaire pour se nourrir et se vêtir.

D'autres veulent plus que la nourriture et le vêtement ; il leur faut des coudées franches. Aussi tout ce qui les gêne dans leur course, elles le détruisent ; où elles passent, il ne reste pas un poil.

Il y a même des chenilles qui s'attaquent aux pennes des oiseaux de proie, les rongent et les font tomber.

N'en soyez pas surpris ; rappelez-vous plutôt ce que dit La Fontaine :

...... Entre nos ennemis
Les plus à craindre sont souvent les plus petits.

(Fables, l. II, 9.)

IV.

Les chenilles, vous ai-je dit, se nourrissent des ruines qu'elles font partout.

Quelques-unes trouvent même leur aliment dans les os desséchés des oiseaux.

Du reste, rien ne paraît troubler chez elles les fonctions digestives.

Leur estomac s'y prête on ne peut mieux : il dissout les matières dévorées sans en altérer les couleurs.

La science les retrouve dans leurs excréments.

Elles se font aussi des vêtements avec une grande habileté.

Les matières détachées des étoffes, quelquefois les morceaux d'ailes des insectes leur servent à cet effet.

Elles les rapprochent, et avec la soie qu'elles sécrètent, elles les unissent pour en former des tubes ou fourreaux.

V.

C'est là qu'elles passent l'hiver dans l'inaction, car l'été est l'époque où elles s'exercent à la destruction.

Elles se préparent aussi dans ces fourreaux à subir leurs métamorphoses.

Souvent elles les attachent par les deux bouts sur l'étoffe qu'elles ont rongée, et elles y mettent tant d'habileté que l'on peut à peine s'en apercevoir.

Elles les suspendent encore aux planchers, dans les angles des murs.

D'autres établissent leur demeure dans les feuilles qu'elles replient et même dans le parenchyme de ces feuilles.

Enfin, il en est qui portent avec elles leur retraite : ainsi l'*OEcophore des blés*.

VI.

Celles-ci paraissent à deux époques : au printemps et au moment de la moisson.

Les premières ont passé l'hiver à l'état de chenilles dans les fourreaux dont nous avons parlé.

Au retour des beaux jours, une métamorphose

s'est accomplie ; il en est sorti une nymphe ; bientôt après, l'insecte parfait ou la *Teigne*.

De ses œufs naîtront d'autres larves qui donneront le jour à de nouvelles générations.

De mai en août on en compte deux ou trois.

VII.

Ces insectes causent de grands ravages dans nos céréales.

Avant l'*Alucite*, que nous ne tarderons pas à voir, ils passaient pour un de leurs ennemis les plus redoutables.

Vers le commencement du mois de mai, la *Teigne* du printemps dépose ses œufs dans les épis qui sortent du fourreau.

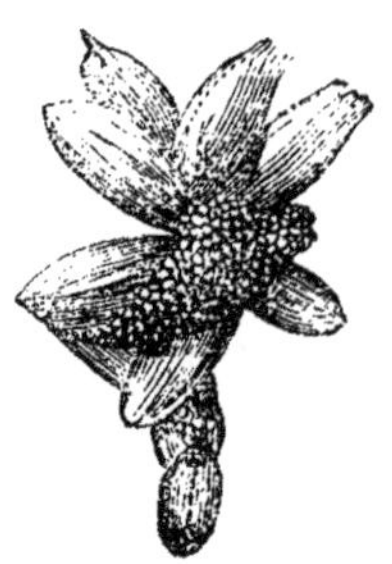

Grains de blé portant des œufs de la Teigne.

La chaleur de la saison les fait promptement éclore, et bientôt la destruction commence.

Elle continue jusqu'au moment de la moisson, sans cesser quand les gerbes sont rentrées en grange ou déposées en meule.

Les chenilles se sont établies dans l'intérieur des grains d'orge, de seigle, de froment.

Pour y rendre leur demeure habitable et sûre, elles rapprochent plusieurs de ces grains, les lient ensemble avec la soie qu'elles sécrètent, laissant entre eux un intervalle en forme de fourreau et revêtu de soie blanche.

De ce tube, qui leur sert de demeure, elles sortent pour dévorer les grains les plus rapprochés.

Un dérangement a-t-il lieu dans le tas de blé, elles suivent le mouvement au sein de leur demeure et trouvent toujours près d'elles des provisions.

Elles se multiplient quelquefois dans les greniers au point de former à la surface des monceaux de blé une croûte épaisse de deux ou trois pouces (1).

Elle est toute formée de grains réunis par des fils de soie.

Si l'on remue ces tas de blé, on les voit grimper aux murailles, mais elles ne tardent pas à reprendre leur position première.

Elles s'y enferment dans leur petite coque de soie pour subir leur métamorphose et passer à l'état de nymphes, puis de papillons.

VIII.

On a dû, vous le comprenez, chercher les moyens de se défaire de ces dangereux ennemis.

Il est reconnu que l'huile de térébenthine, l'esprit-de-vin, la fumée de tabac, les plantes à odeur forte, comme la lavande, sont autant de poisons pour les chenilles.

(1) Environ 0^m,08.

Ainsi l'on enferme avec les meubles ou les habits que l'on veut conserver, des morceaux d'étoffe, de papier, des paquets imbibés de ces substances, et les chenilles ne tardent pas à s'échapper ou à périr.

Toutefois cette huile a une odeur très-forte ; elle peut, d'ailleurs, altérer les étoffes où il y a de l'or, de l'argent, et des couleurs tendres.

L'esprit-de-vin n'offre pas les mêmes inconvénients ; mais, comme il s'évapore facilement à l'air, il ne faut pas l'exposer à son action.

Quant au tabac, on le jette sur des charbons allumés, et l'on prend des précautions pour que la fumée, sans s'échapper au dehors, puisse pénétrer les étoffes.

Tous ces moyens de destruction sont applicables dans l'intérieur de nos habitations.

Pour nos céréales, il en faut d'autres.

IX.

On a d'abord une machine d'invention récente qui s'appelle *Tue-teigne*. Malheureusement, le prix en est élevé.

On conseille aussi de battre le blé le plus tôt possible, après la moisson, et de remuer souvent les grains déposés dans les greniers.

Par là on arrive à détruire les chenilles ; dès lors, plus de papillons pour déposer des œufs dans les épis au moment où ils se forment.

La destruction du printemps est ainsi arrêtée ou du moins restreinte.

X.

Il faut surtout bien se garder de détruire les oiseaux qui jouent alors au milieu de nos moissons et nous égayent par leurs gazouillements.

Chacun d'eux a pour nous protéger son mois, son jour, sa plante, son poste ; jamais il ne manque à sa mission.

Le Coucou est le seul apte à détruire les chenilles poilues.

Les Chouettes, les Effraies, les Chats-huants, les Engoulevents poursuivent les papillons nocturnes et les insectes crépusculaires.

Le Rouge-gorge est le grand ennemi de la *Teigne* des blés.

Il fait aussi une guerre à outrance aux pucerons, à la *Cécidomye*, à l'*Alucite* dont nous parlerons bientôt.

Aimez-le donc, ce charmant petit oiseau du bon Dieu, comme l'on dit dans les campagnes.

XI.

Voyez avec quel art il construit son nid !

Toujours l'ouverture du côté du levant.

Il veut être un des premiers à saluer le retour de la lumière.

> Quand l'aurore vermeille
> A brillé dans les cieux,
> Le jeune oiseau s'éveille
> Et chante tout joyeux.
> C'est la douce prière

Qu'il sait offrir
A Dieu, dont la lumière
Vient nous ravir.

Secouant de son aile
Le plumage léger,
Du bec il le démêle
Et sait le nettoyer;
Sa toilette il achève
Diligemment;
Puis dans les airs s'élève,
Propre et content.

(Anonyme.)

Comme il nous instruit, le petit oiseau qui défend nos céréales !

Avec ses chants, laissons, au retour du jour, nos cœurs monter vers Dieu; la pensée et le sentiment dont il a les prémices conservent mieux la droiture et la pureté.

. . . . . Que dans l'horizon bleu
Notre pensée, ouvrant ses deux ailes de feu,
Vole au Seigneur; l'âme est l'unique voyageuse
Qui connaisse du ciel la route lumineuse,
Et c'est le seul oiseau qui vole jusqu'à Dieu.

(Mme Anaïs Ségalas.)

XII.

Et puis, regardez encore le nid du petit rouge-gorge.

Le voilà fermé par un rideau de feuilles;

C'est que la mère est allée chercher la becquée.

L'hôte étant sorti, respectez sa demeure.

La jeune famille à peine couverte d'un léger duvet a été placée sous la garde de Dieu.

Oh! ne déniche point les oiseaux dans tes jeux!
Les oiseaux ont de Dieu reçu leur existence;
C'est Dieu qui leur apprend, dans sa toute-puissance,
A tresser sans efforts leurs nids si gracieux.

Les oiseaux, comme nous, ressentent la souffrance,
Cher enfant; que dirait ta pauvre mère un jour,
Si de ce petit nid, où fleurit ton enfance,
Quelque méchant t'allait ravir à son amour?

Ta mère pleurerait, et pleine de tristesse,
Elle t'appellerait, hélas! peut-être en vain;
Et toi, de qui la joie est toute en sa tendresse,
Et toi, que dirais-tu, Georges, le lendemain?

Prends donc aussi pitié de la frêle famille,
Qui dort sur les rameaux ou dans le vert gazon;
De ce jeune oisillon qui gazouille et sautille,
Et qui ne te craint pas, parce qu'il te croit bon.

Enfant, si dans ton cœur la charité demeure,
Le ciel te laissera ta mère à caresser;
Et ton ange viendra, de sa sainte demeure,
De rêves doux et purs chaque nuit te bercer.

(Mlle Louisa Stappaerts.)

Je vous laisse, mes amis, sous l'inspiration de votre bon ange et sur le cœur de votre mère.

Soyons bons comme eux; nous comprendrons mieux nos devoirs envers tous les êtres de la création.

La bonté est un des yeux de l'âme, le plus délicat peut-être.

Agréez, etc.

Les *Teignes*; leurs variétés et leurs ravages. — Puissance digestive de quelques chenilles. — Leur retraite en hiver. — L'*OEcophore* des blés. — Ses ravages. — Époque de son apparition. — Moyens à employer pour détruire les *Teignes*. — De quelques oiseaux protecteurs. — Le rouge-gorge. —Structure de son nid et son réveil.—Comment il peut être notre modèle. Respect aux nids des oiseaux. — Apprendre les morceaux en vers.

Questions de grammaire. 2ᵉ *Division*. — Combien de degrés dans les adjectifs? — Comment forme-t-on les *comparatifs* et les *superlatifs?* — Chercher des exemples dans le premier paragraphe.

1ʳᵉ *Division*. — Qu'est-ce que la conjonction? — Qu'y a-t-il à remarquer sur la place qu'elle occupe? — Qu'appelle-t-on inversion? — Exposer celles qui se trouvent dans la pièce de vers commençant par : *Quand l'aurore vermeille...*

NEUVIÈME LETTRE.

L'Alouette et ses enseignements. — Il faut les aimer.

Bayeux, 15 mars 1869.

I.

Mes petits amis,

J'avais, il y a un instant, mon La Fontaine ; mes regards sont tombés sur une fable que vous connaissez peut-être :

L'Alouette et ses petits, avec le maître d'un champ (1).

Composition pleine de charme et de vie, où les vérités abondent.

Je voudrais la lire avec vous; que d'émotions pour notre cœur !

(1) *Fables*, l. IV, 22.

Et qu'elles seraient riches, se développant sous le regard de Celui qui bénit tout ce qui est pur !

Puisse du moins la reconnaissance nous jeter dans les bras de notre mère, dont l'alouette du poëte nous rappelle si bien la sollicitude éclairée.

II.

Comme elle est profonde, active, prudente !

Et il faut toutes ces qualités dans un sentiment que l'on voit si souvent défaillir, parce qu'il ne sait pas marcher vers son but.

Notre alouette a donc déposé son nid dans un champ.

Mais ses petits sont venus trop tard à la vie pour le quitter déjà, et cependant la moisson est proche.

Aussi que de craintes !

Ecoutez :

> Les blés d'alentour mûrs avant que la nitée (1)
> Se trouvât assez forte encor
> Pour voler et prendre l'essor,
> De mille soins divers l'alouette agitée
> S'en va chercher pâture.....

Mais que d'anxiétés au départ !

Elle regarde ses petits ;

A peine le duvet de leurs ailes fait-il place à quelques plumes bien faibles encore.

S'il faut sortir du nid, comment pourront-ils prendre leur vol ?

Seule, elle ne saurait les emporter tous, et son cœur pourra-t-il jamais faire un choix?

(1) Mot inusité maintenant, mis pour *nichée.*

Elle confie ses soucis au Dieu

> Qui prend l'humble sous sa défense.
> (RACINE. *Esther*, acte 1, scène v.)

Mais remarquez sa prudence.

III.

Elle

> Avertit ses enfants
> D'être toujours au guet (1) et faire sentinelle.
> Si le possesseur de ces champs
> Vient avecque (2) son fils, comme il viendra, dit-elle,
> Écoutez bien : selon ce qu'il dira
> Chacun de nous décampera.

Elle veillera donc par ses petits sur la nitée.

C'est à eux à recueillir pour leur mère tout ce qui se dira.

Car il faut de bonne heure faire sentinelle dans la famille, c'est-à-dire être vigilant, et, tandis que le père et la mère travaillent, ouvrir sur les intérêts communs ses oreilles et son esprit.

Quelle puissance que l'attention des enfants s'inspirant des conseils de leurs parents !

Tout l'avenir est là, avec ses prospérités.

Qui sait écouter tout jeune, mettra plus tard de la réflexion dans ses actes.

---

(1) Régulièrement, il faudrait de *faire :* mais, dans ces sortes de phrases, on supprimait assez souvent, en style familier, la préposition avant le second verbe; c'est une ellipse.

(2) Archaïsme fréquent dans quelques poètes du xviie siècle.

IV.

L'alouette revient,

> Trouve en alarme sa couvée.

Car le possesseur du champ juge ses blés mûrs pour la moisson.

> ..... Il a dit que, l'aurore levée,
> L'on fit venir demain ses amis pour l'aider.

L'alouette de La Fontaine compte plus d'un printemps ; or les jours qui se succèdent apportent bien des enseignements à qui sait les comprendre.

Ils ont parfois, il est vrai, leur triste côté, car ils font tomber plus d'une illusion.

Il faut pourtant les recueillir.

> S'il n'a dit que cela (1), repartit l'alouette,
> Rien ne nous presse encor de changer de retraite,
> Mais c'est demain qu'il faut tout de bon écouter.

Toujours la même sollicitude et la même prudence.

Si le danger présent n'est pas assez grand pour l'alarmer, elle veut cependant prévoir l'avenir.

V.

Elle n'oublie pas non plus qu'elle doit la becquée à la famille toute tremblante sous ses ailes.

> Cependant, soyez gais, voilà de quoi manger.
> Eux repus, tout s'endort, les petits et la mère.

La mère aussi !

(1) C'est-à-dire, s'il ne compte que sur ses amis.

La paix et le repos viennent en effet après le devoir accompli.

Mais le devoir est de tous les jours.

Aussi l'aube arrive, et déjà l'alouette est dans les champs.

Image bien douce de la vie et de l'activité laborieuse de vos familles !

VI.

De nouveau, le maître du champ vient.

Ses amis lui manquent ; il reconnaît qu'il a mal placé sa confiance :

> Nos amis ont grand tort, et tort (1) qui se repose
> Sur de tels paresseux, à servir aussi lents.

Il envoie chercher ses parents.

> L'épouvante est au nid plus forte que jamais.

Mais l'alouette de dire à ses enfants :

> ..... Dormez en paix.
> Ne bougeons de notre demeure.

Elle eut raison, car personne ne vint.

Ne vous défiez pourtant pas de tous vos parents.

Il en est qui sont une providence ; des cœurs d'or, d'où sortent sans cesse des trésors d'affection et de dévouement.

Mais avec ceux-là même, il faut se rappeler toujours la maxime : *Aide-toi, le ciel t'aidera.*

> Pour la troisième fois, le maître se souvint
> De visiter ses blés. Notre erreur est extrême,

(1) Encore une ellipse.

Dit-il, de nous attendre à d'autres gens que nous.
Il n'est meilleur ami ni parent que soi-même.
Retenez bien cela, mon fils. Et savez-vous
Ce qu'il faut faire? Il faut qu'avec notre famille (1),
Nous prenions dès demain chacun une faucille :
C'est là notre plus court; et nous achèverons
Notre moisson quand nous pourrons.

Oui, c'est là le bon parti : compter peu sur les autres et beaucoup sur soi.

Ou, pour redire l'enseignement de notre alouette :

Ne t'attends qu'à toi seul; c'est un commun proverbe.

Ne l'oubliez jamais dans le cours de votre vie.

On est fort, même dans sa faiblesse, et l'on réussit, quand on tire de soi tout ce que l'on peut.

VII.

Notre alouette le savait bien.

A peine eut-elle connu le dessein du possesseur du champ :

C'est ce coup (2) qu'il est bon de partir, mes enfants;
Et les petits, en même temps,
Voletants, se culbutants (3),
Délogèrent tous sans trompette.

Et ils eurent la vie sauve; les ailes leur avaient poussé.

VIII.

Voyons ! n'aimez-vous pas, mes enfants, cette

(1) Nos gens, nos domestiques.
(2) Cette fois.
(3) La Fontaine a fait ici une faute d'orthographe pour allonger son vers et surtout pour exprimer le désordre des alouettes.

alouette, sa prudence et son dévouement pour sa couvée ?

Tandis qu'elle se fatigue à la recherche de la pâture, elle tremble, oh! d'une frayeur bien grande, pour les jours de ses petits.

Et il faut qu'elle le dissimule pour leur apprendre à mesurer le danger.

C'est une science précieuse, car on périt souvent de deux manières : pour le voir là où il n'est pas et pour l'attendre imprudemment.

Puis, dans les devoirs de la vie, commençons toujours par où finit le possesseur du champ, si nous voulons recueillir à temps notre moisson.

Voilà ce que nous apprend l'alouette de La Fontaine.

Mais je m'attarde trop à écouter ses enseignements et j'oublie les services qu'elle rend à nos moissons.

Une autre fois, je vous les dirai.

Recevez, etc.

Exposer les enseignements que La Fontaine nous donne dans la fable intitulée *l'Alouette*. — Ce qu'il dit : 1º de la sollicitude maternelle de l'*Alouette:* 2º de sa prudence; 3º de son amour du devoir; 4º de la nécessité de compter avant tout sur soi.

Questions de grammaire. 2º *Division*. — Faire connaître la nature des mots du troisième alinéa et rendre compte de leur orthographe.

1re *Division*. — Exposer la fonction de chacun des mots de cette phrase : *L'Alouette de La Fontaine compte.....*

DIXIÈME LETTRE.

Le printemps et les nids. — Un nid de fauvette. — La *Cécidomye* — Un résultat de nos chasses.

Livry, 2 avril 1869.

I.

Mes petits amis,

> Les alouettes font leur nid
> Dans les blés quand ils sont en herbe.
> (La Fontaine. *Fables*, liv. IV, 22.)

Environ ce temps, comme dirait La Fontaine, les fauvettes cachent le leur sous des racines, des branches d'osier ou des touffes d'herbe ; dans les trous des murailles ou des arbres fruitiers ; sur la pente des fossés ombragés, etc.

Les rouges-gorges le confient à des excavations pratiquées dans la terre ou dans les fentes des troncs des vieux arbres ;

Les pouillots l'établissent dans les broussailles, dans les lieux humides, le long des fossés, ou le suspendent à de grandes tiges de fougère ;

Les bergeronnettes le placent dans les tas de pierres situés sur le bord des eaux ;

Les verdiers le déposent dans les haies de nos vergers, et les chardonnerets dans les arbres de nos jardins, souvent dans les groseilliers qu'ils protègent (1).

(1) Le chardonneret poursuit surtout un insecte appelé *xérène* ou *zérène*, mot grec signifiant qui *dessèche*. Vous voyez

Et je vous indique seulement quelques-uns des oiseaux qui défendent nos moissons.

Là, comme ailleurs, que de bienfaiteurs passent inaperçus !

Mais ils sont à leur mission et ils font le bien ; qu'importe si des regards les contemplent !

II.

Au retour du printemps, la vie est partout dans la nature, une vie jeune, pleine de fraîcheur, et qui aspire à se développer pour remonter vers son auteur.

Chaque pierre, chaque feuillée cache souvent un trésor, des prodiges de tendresse et de sollicitude.

Là, dans un petit nid que le vent agite, où la pluie pénètre parfois, doit croître une famille aimée comme vous l'êtes.

Mais combien son sort diffère du vôtre !

Elle est là, faible contre de nombreux ennemis, sans autre toit que la voûte du ciel, avec un duvet bien léger pour tout vêtement, pendant que la mère va chercher au dehors la becquée.

III.

Et puis, mes petits amis, quand vous savez où ces nids reposent, il vous vient de fortes tentations.

Il y a là, sans défense, des œufs aux couleurs les plus variées et les plus délicates.

quelquefois vos groseilliers perdre leurs feuilles ; ils sont alors dévorés par cet insecte ; il occasionne aussi à ces arbustes une maladie qui les fait sécher dans l'année.

Ils vous séduisent ; le regard s'emplit de convoitise, et quelquefois la main ne se possède plus.

Au risque de mettre en lambeaux ses vêtements ou de faire une chute qui peut briser les membres, on se jette au milieu des broussailles, on grimpe dans les arbres, on s'expose sur une branche légère.

Si l'on échappe au danger, on revient triomphant, avec le nid détaché de l'arbre.

Triste triomphe que celui du fort sur le plus faible !

Je ne veux pas ajouter : triomphe du méchant sur l'innocent ; il me serait trop pénible de voir là une inspiration de la cruauté.

IV.

Mais enfin les œufs sont enlevés à la tendresse d'une mère ; une famille va périr.

Je vois d'ici le malheureux ravisseur qui *souffle* ces œufs de fauvettes, de rouges-gorges, de roitelets, etc.

Le principe de vie qu'ils contenaient tombe dans la poussière, ou l'on essaye d'en faire une omelette.

Elle coûtera bien cher, car on a détruit les protecteurs les meilleurs de nos moissons.

Puis, on enfile comme des perles les coques de ces œufs, on en forme quelquefois de longs chapelets, on les suspend ainsi qu'un trophée dans la cuisine de la ferme, à la porte de l'école.

Que vos doigts, mes petits amis, ne comptent jamais les grains de ces chapelets.

Il en est qui appellent des bénédictions sur vous

et sur vos familles ; celui que je repousse sent la
destruction.

V.

Le mauvais génie envoie encore d'autres inspirations.

Voyez comment un poëte les décrit :

> Je le tiens, ce nid de fauvette !
> Ils sont deux, trois, quatre petits !
> Depuis si longtemps je vous guette,
> Pauvres oiseaux, vous voilà pris !
>
> Criez, sifflez, petits rebelles,
> Débattez-vous, ah ! c'est en vain,
> Vous n'avez point encore d'ailes,
> Comment vous sauver de ma main ?

La légèreté peut sourire à ces paroles, mais votre
cœur, j'en suis persuadé, condamne les sentiments
qu'elles expriment.

Que l'on aime mieux vous entendre dire, en présence de ce petit nid :

> Mais quoi ! n'entends-je point leur mère
> Qui pousse des cris douloureux ?
> Oui, je le vois ; oui, c'est leur père
> Qui vient voltiger auprès d'eux.
>
> Ah ! pourrais-je causer leur peine,
> Moi qui, l'été, dans les vallons,
> Venais m'endormir sous un chêne,
> Au bruit de leurs douces chansons ?
>
> Hélas ! si du sein de ma mère
> Un méchant venait me ravir,
> Je le sens bien, dans sa misère,
> Elle n'aurait plus qu'à mourir.

Et je serais assez barbare
Pour vous arracher vos enfants !
Non, non, que rien ne vous sépare ;
Non, les voici, je vous les rends.

Apprenez-leur, dans le bocage,
A voltiger auprès de vous ;
Qu'ils écoutent votre ramage,
Pour former des sons aussi doux.

Et moi, dans la saison prochaine,
Je reviendrai dans ces vallons,
Dormir quelquefois sous un chêne
Au bruit de leurs jeunes chansons.

(BERQUIN, *Le Nid de fauvette.*)

VI.

Ayez toujours, mes petits amis, ces prompts retours vers tout ce qui est bon, délicat, généreux.

Si vous saviez combien votre âme nous paraît belle à contempler, quand elle s'ouvre à ces inspirations du ciel.

Elle nous émeut aussi et nous rend meilleurs ; elle nous emporte sur ses ailes dans les régions où elle habite alors près de Dieu.

Soyez bons pour tout ce qui respire.

Aimez les petits oiseaux, comme votre mère vous aime ; Dieu, je l'espère, vous conservera longtemps à sa tendresse.

Nous avons d'autres motifs pour protéger les alouettes et les fauvettes, les verdiers, les tarins et les rouges-gorges, etc.

VII.

Le matin, au lever du soleil, le soir à l'heure où il va disparaître, quand il projette encore sur les champs de blé quelques rayons et que tout est calme dans la nature, allez voir nos moissons.

Dans ces promenades, on éprouve un bien-être qui rafraîchit et qui emporte les fatigues.

Nous sentons, nous qui avançons dans la vie, notre pensée monter vers des horizons plus hauts que celui de la terre et le calme descendre sur notre cœur.

Vous serez, vous, mes petits amis, à vos jeux et à vos ébats.

Amusez-vous, riez, courez ; c'est de votre âge.

Mais aussi arrêtez parfois vos regards au-dessus de nos champs de blé.

VIII.

Voyez ces nuées de petites mouches, trois ou quatre fois moins grosses que des cousins.

Les voilà qui se développent en longues colonnes et s'abattent sur les épis de blé, au moment où la fleur commence à paraître.

Prenez cet épillet qui est là, près de vous, sur la lisière du champ ; car il ne faut pas pénétrer à l'intérieur et ajouter aux ruines que vous allez constater.

Dans ce seul épillet, une loupe vous montrera dix-huit ou vingt petits vers jaunâtres.

Ils sortent des œufs déposés là par les moucherons

dont les légions innombrables se déploient sur vos têtes.

Ils y vivent aux dépens de l'épillet, ils en sucent le lait et ils le vident.

Rien ne paraît à l'extérieur ; mais au battage on trouve à peine quinze hectolitres de blé sur un hectare ; encore ce blé pèse-t-il fort peu.

IX.

On appelle *Cécidomye* l'insecte qui produit ces larves ou vers destructeurs.

Il n'a pas deux millimètres de longueur ; il vit quelques heures seulement, et même il ne mange pas.

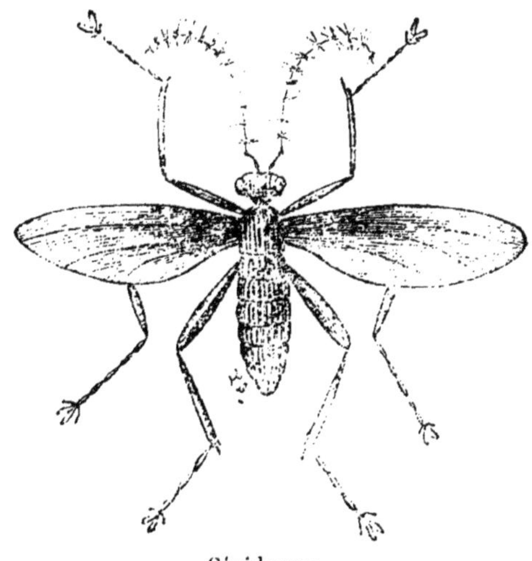

Cécidomye.

Mais, pendant son existence si rapide, il dépose partout ses œufs ; cinq ou six générations se succèdent dans l'espace de quatre semaines au plus.

La *Cécidomye* est un des fléaux de nos moissons.

En une seule année, dans un de nos départements de l'est, la seule larve cécidomyque a causé des dégâts évalués à près de 4 millions.

Il ne vous souvient peut-être pas de l'espèce de disette dont nous eûmes à souffrir en 1856.

Des savants l'attribuèrent à l'action destructive de la *Cécidomye*.

Dans certains champs, la perte s'éleva à près de la moitié de la récolte.

La Providence nous a préparé des défenseurs contre l'envahissement de ces larves, pourvu que nous laissions ses desseins s'accomplir.

X.

Voyez ces alouettes et ces verdiers, ces fauvettes et ces rouges-gorges, etc.

Ils vous envoient leurs chants pour vous égayer, et, tandis qu'ils courent sur vos têtes en se croisant dans tous les sens, ils vont accomplir leur œuvre au milieu de nos champs de blé.

D'un regard ils ont découvert l'ennemi qu'ils poursuivent, et d'un coup de bec ils l'enlèvent sans endommager le froment.

Leur course est incessante ; leurs chants sont joyeux ; on dirait qu'ils ont conscience de l'importance de leur mission.

XI.

Mais tout à coup un jet de lumière a paru : un

ONZIÈME LETTRE.

Le Pouillot. — Le mois de juillet et l'alucite. — Statistique de la production du blé en France.

Caen, 26 mai 1869.

I.

Mes petits amis,

Avez-vous remarqué, dans les campagnes, un petit oiseau à taille élancée, de la grosseur d'un roitelet, et couleur vert jaune ?

Il voltige avec vitesse, papillonne autour des branches et des feuilles, les visite dans tous les sens, afin d'y saisir les vers et les insectes.

Car c'est un chasseur qui ne se donne pas de repos.

Pendant qu'il poursuit ainsi sa proie, il fait entendre un cri vif et perçant.

On dirait un signal de rappel, un sifflement semblable à celui du bouvreuil.

C'est une forte voix pour un si petit corps.

Il la dirige comme bon lui semble ; il la rapproche ou l'éloigne, suivant le danger.

Il y a en lui du ventriloque.

Du reste, son cri, bien que vibrant, ne manque pas d'une certaine grâce, qui plaît à l'oreille.

Cet oiseau, c'est le Pouillot et ses variétés.

II.

En hiver, on le trouve au milieu des arbustes

et des osiers plantés sur le bord des rivières, des étangs ou des marais.

Si les temps sont trop durs, la neige trop abondante, il vient chercher près de nos habitations de la nourriture et une retraite.

Le *tuit, tuit* que vous entendez quelquefois, sur le soir, tomber d'une voix bien légère et presque suppliante, nous révèle sa présence.

Le printemps le ramène dans les grands bois, où il aime à passer aussi l'automne.

Vers le mois de juillet, vous le verrez voltiger au-dessus des champs de blé.

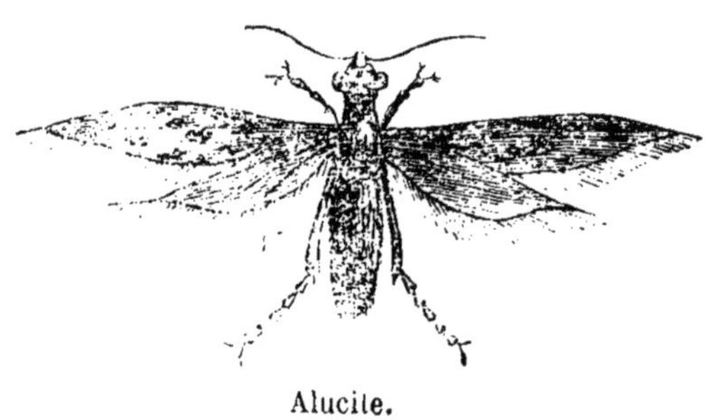

Alucite.

Vous savez combien d'espérances s'attachent à ces épis qui mûrissent.

Mais il y a pour eux un ennemi redoutable contre lequel le Pouillot contribue à les protéger, c'est l'*Alucite*.

III.

Imaginez-vous un petit papillon, aux couleurs métalliques resplendissantes, aux ailes tachetées et découpées par de nombreuses échancrures.

Vers l'époque de la maturité des grains, il paraît tout à coup dans nos champs.

C'est comme une armée qui se lève, sous un rayon de soleil.

Ces papillons sont ici, là, sur nos têtes, à nos côtés, voltigeant sans cesse, dans toutes les directions, autour des épis d'orge, de seigle et surtout de froment.

A peine un moment de repos !

Les voilà qui touchent un épillet.

Mais leur contact est aussi funeste que rapide.

En courant, ils ont percé à sa base l'enveloppe extérieure de chaque grain et la pellicule qui constitue le son.

Un œuf tombe dans cette ouverture imperceptible à nos regards.

Puis ils se précipitent vers un autre épillet, car chaque papillon doit laisser après lui 120 ou 130 œufs.

Et, comme son existence est éphémère, à peine d'un jour, il faut qu'il se donne à tire-d'ailes à son œuvre de destruction.

IV.

Il pourra cependant se trouver arrêté avant de l'accomplir.

Voyez ces oiseaux au vol rapide et au regard pénétrant.

Ils chantent, ils se précipitent aussi, ils fondent sur leur proie et la font disparaître.

C'est le *Pouillot* qui détruit l'*Alucite*.

Mais ce défenseur de nos moissons n'est-il pas lui-même souvent atteint par le plomb du chasseur?

V.

Et maintenant voulez-vous suivre, dans leurs transformations, les œufs déposés, un à un, à la base de ces grains de froment? Écoutez.

Une larve se forme dans chacun de ces œufs.

Elle est petite, rose, blanche, à tête brune.

Dans l'intérieur du grain, elle se crée une sorte de palais: deux pièces distinctes, l'une pour son habitation, l'autre pour recevoir ses excréments.

Un voile les sépare.

Peu à peu elle dévore toute la partie nutritive renfermée dans ce grain.

Ce travail ne l'empêche pas de songer à sa sortie.

Pour la préparer, elle trace autour d'elle un cercle dont elle ronge la circonférence, et où elle pratique une sorte de guichet.

Il lui suffira de le pousser légèrement pour qu'il se détache.

Cela fait, elle s'enveloppe et attend tranquillement sa forme définitive, sans manger et dans une immobilité parfaite.

VI.

Alors son propre intérieur se trouve soumis à un travail qui rappelle celui de la formation du poulet dans l'œuf.

Toute une série fort compliquée d'organes se développe successivement : un corselet, un abdomen, des pattes, des ailes.

Quand cet ensemble existe, l'insecte que l'on dit alors parfait, paraît sous sa forme définitive ; l'*Alu-cite* brise sa prison, et nous avons le papillon que vous connaissez.

VII.

Ces métamorphoses se produisent à deux époques de l'année.

Les œufs pondus en automne et en hiver nous donnent des papillons au printemps.

Ceux d'hiver viennent des œufs déposés pendant l'été.

Ces œufs entrent dans les granges et dans les meules, avec les gerbes de blé.

Une petite larve se développe dans chacun des grains qui les renferme ; puis paraît le papillon.

Il produit lui-même une troisième génération, si les gerbes ne sont pas livrées au battage.

Quand on les détasse après un certain temps, des nuées de petits papillons s'en échappent.

L'important serait d'arrêter ces générations incessantes.

VIII.

On conseille de battre le blé aussitôt après la moisson.

On le dispose alors en *silos*, après l'avoir soumis à une température de soixante degrés ; ce qu'on appelle le *soixanter*.

A cette température, l'insecte est détruit, sans que le grain soit altéré.

On peut encore convertir le blé en farine et la soumettre à une forte pression.

On conserve ainsi les farines embarquées sur les navires qui partent pour de longs voyages.

Dans ces deux cas, les ravages de l'*Alucite* sont prévenus.

Mais ces moyens ne peuvent être employés partout ; vous le comprendrez facilement.

IX.

La France produit, en moyenne, chaque année, 78,719,600 hectolitres de blé.

Le battre, le moudre immédiatement et le convertir en farine ne serait pas chose facile.

Mais on peut goudronner les charpentes et les boiseries des greniers, suspendre aux murs du chanvre, des feuilles de noyer, toute plante à odeur forte, remuer fréquemment les tas de blé et assurer une bonne ventilation.

On éloigne ainsi l'*Alucite*.

X.

Ses ravages s'étendent quelquefois sur des contrées entières, et partout où elle passe, elle porte la ruine et la misère.

En 1770, elle fit son apparition dans une des provinces de la France, l'Angoumois.

Les pertes furent immenses.

Depuis, elle a envahi près de vingt départements.

du midi, et, en 1860, elle a surtout répandu la désolation dans la Charente et la Gironde.

Quand et où s'arrêtera-t-elle? C'est le secret de la Providence.

XI.

Mais si vous voulez avoir une idée de la fécondité de cet insecte, attachez-vous à résoudre ce problème :

Chaque petite larve ne consomme que l'intérieur d'un seul grain ;

Un hectolitre contient en moyenne 1,800,000 grains ;

Quand le prix de l'hectolitre est de 18 à 20 fr., on calcule que l'*Alucite* enlève, en une année, à l'Agriculture une valeur de plusieurs millions ; supposez quatre millions ;

Combien de larves ont dû exercer des ravages ?

Ce problème résolu, vous prendrez une fois de plus la détermination de laisser les oiseaux accomplir au milieu des champs la mission que leur confie la Providence.

Et vous réserverez dans vos sympathies une large part pour le *Pouillot*, l'ennemi de l'*Alucite*.

Agréez, mes petits amis, l'assurance de mes sentiments bien affectueux.

Les habitudes du Pouillot. — Epoque de l'apparition de l'*Alucite*. - Où cet insecte dépose ses œufs. — Leurs transformations. — Temps de la ponte. — D'où viennent les papillons qui sortent des tas de blé dans les granges. — Moyens à employer pour préserver le grain des attaques de l'*Alucite*. — Etendue de ses ravages. — Combien il y a de grains dans un hectolitre de blé. — Pertes que l'Alucite fait subir à l'agriculture.

QUESTIONS DE GRAMMAIRE. 2e *Division.* — Qu'est-ce que le pronom ? — Indiquer la nature des pronoms du premier paragraphe de la lecture. — Remplacer le singulier par le pluriel.

1re *Division.* — Déterminer la nature des verbes du septième paragraphe, la conjugaison à laquelle ils appartiennent, le temps et le mode auxquels ils sont employés.

DOUZIÈME LETTRE.

Caractères de ressemblance des êtres. — La *Calandre* ou *Charançon.* — Les épis légers. — Ce que l'on rencontre souvent dans le monde.

Caen, 18 juin 1869.

I.

Mes petits amis,

Je dois vous parler d'un insecte connu depuis longtemps.

N'en soyez pas surpris.

Le jour où l'homme a trouvé un ennemi, il s'est mis à l'étudier pour le dompter ou s'en défaire.

Les Romains, un peuple qui nous a précédés, vous le savez, avaient un nom pour désigner la classe à laquelle appartient cet insecte.

Comme il est quelque peu barbare, j'hésiterais à l'écrire, si vous ne m'aviez pas habitué à faire passer sous vos regards des mots de toute nature.

En voici un qui ne manque pas de syllabes : *Curculionides.*

C'est un nom *générique.*

Mais encore une expression trop savante peut-
être.

II.

Elle désigne toute une famille d'insectes ;

C'est-à-dire des insectes ayant les mêmes caractères, les mêmes lignes, les mêmes traits, comme il
arrive dans nos familles.

Car nous nous ressemblons tous par quelques côtés.

Une démarche, une attitude, une pose, une in-
flexion de la voix, un ensemble de linéaments, une
ouverture ou un rétrécissement du visage, une ligne,
un de ces mille riens qui sont de grandes choses,
rattachent des individus les uns aux autres.

On les voit et l'on dit : voilà des frères, un air de
parenté.

Ainsi dans la nature.

III.

Sous le long mot que j'ai écrit, mais que je me
garderai bien de reproduire, il y a tout un groupe
d'insectes.

Varron, un agronome romain que vous n'êtes pas
obligés de connaître (1), le désignait par un mot fort
caractéristique.

Il vous paraîtra peut-être encore étrange ; n'importe ! Vous ne pouvez l'ignorer.

Varron appelait donc cet insecte *Curculio ;* c'est-à-
dire *grand gosier.*

(1) Il naquit l'an 116, et il mourut l'an 26 avant Jésus-
Christ.

Expression fort juste !

L'insecte doit cette dénomination à sa voracité.

Nous avons, nous, remplacé ce nom par celui de *Calandre* ou de *Charançon*.

IV.

Cette famille renferme un nombre considérable d'espèces; il y en a de toutes les dimensions.

Les plus grandes sont d'un beau noir et étrangères à l'Europe.

Leur larve attaque les dattiers, les cocotiers et autres végétaux de la même famille.

Elle y creuse des trous, elle vit à leurs dépens et elle les dessèche.

En retour, on trouve en elle, dans certaines colonies, un mets délicat.

On la fait griller et on la mange sous le nom de ver palmiste.

V.

Nos espèces européennes sont variées ; partout elles exercent des ravages.

Quelques-unes (1) ont assez de puissance pour déterminer dans le cheval une paraplégie (2).

D'autres (3) s'introduisent dans les fruits à noyau et elles en mangent l'amande.

Celles-ci (4) roulent et détruisent les feuilles de la

(1) Les *Lixes*.
(2) Paralysie de la moitié inférieure du corps.
(3) Les *Rhynchènes*.
(4) *Lisettes*.

vigne, ou bien elles (1) rongent les parties tendres des végétaux.

Celles-là (2) s'attaquent aux pois et aux lentilles de nos jardins.

Il en est qui recherchent les fleurs, et surtout celles du pommier (3).

Voilà des victimes bien diverses.

Il y a pourtant entre leurs meurtriers un grand point de ressemblance : c'est une tête terminée par un long bec qui porte des antennes.

VI.

Mais de tous ces insectes, le *Charançon* du blé ou la *Calandre* est le plus funeste.

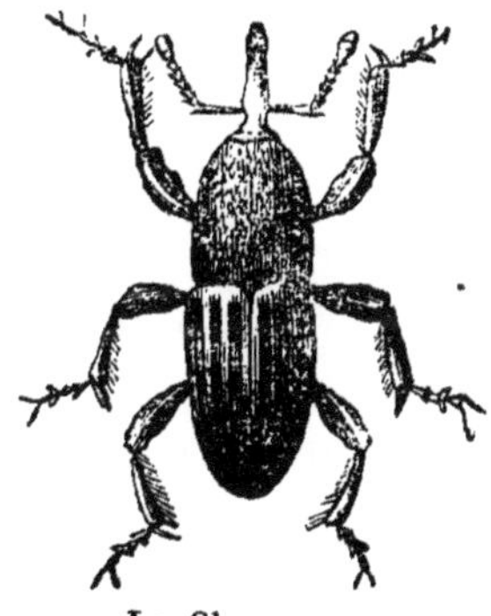

Le Charançon.

Virgile disait autrefois : « Souvent un monceau de blé devient la proie du *Charançon* (4). »

(1) Les *Attelabes*. — (2) Les *Bruches*. — (3) Les *Anthonomes*.
(4) ... Populatque ingentem farris acervum
    Curculio.   (VIRGILE, *Géorg.* I, v. 185.)
Ce poëte naquit en 70 ou 69 avant J.-C., et il mourut à l'âge de 50 ans.

Les temps n'ont pas changé ; partout où les hommes ont porté le blé, cet insecte a paru.

Petite taille : à peine trois millimètres de longueur ; couleur brune, tête arrondie ; trompe cylindrique et un peu courbée ; antennes soudées, terminées en massue ovalaire ; corselet strié comme les élytres, abdomen pointu ; pattes assez courtes et fortes : tels sont les principaux caractères de la *Calandre* du blé.

Vivant exclusivement de cette céréale, elle est un des fléaux des greniers, des magasins et des granges.

VII.

Pour qu'elle puisse travailler à se propager, il lui faut des conditions spéciales de température : 8° ou 9° du thermomètre de Réaumur.

Au-dessous de 6°, elle est engourdie ; on la dirait morte.

Elle quitte même alors les tas de blé pour chercher un gîte, un refuge dans un trou de mur, une gerçure du bois.

Elle y attend le retour du printemps.

Quand il s'annonce par une température plus douce, elle se réveille ; c'est ordinairement vers le mois d'avril.

Alors commence une série de générations qui se succèdent sans interruption jusqu'aux premiers froids.

Ce qui se passe le voici :

VIII.

La *Calandre* ou *Charançon*, insecte parfait, dévore bien quelques grains de blé.

Si tout se bornait là, la perte serait supportable.

Mais non ; l'insecte se met d'abord en sûreté dans le tas de blé, à une profondeur de 5 ou 6 centimètres.

A peine établi dans cette retraite, il fait un trou à l'un des grains qui l'environnent et il y dépose un œuf.

Mais il faut le soustraire aux regards pour en assurer le développement.

Il applique donc à l'ouverture pratiquée un enduit tenace, de même couleur que le grain.

Son instinct a été d'une sûreté désolante, car rien ne paraît.

Ce qu'il a fait ainsi une première fois, il le répète pour ainsi dire à l'infini.

Un entomologiste (1) porte à 23,600 le nombre des individus produits par la *Calandre*, dans une année.

D'autres, il est vrai, le réduisent à 6,000 environ.

Mais n'y a-t-il pas encore là une effrayante fécondité?

IX.

Voyons maintenant ce qui advient de l'œuf.

Au bout de quelques jours, il en sort une petite larve blanche, molle, allongée.

Son corps est formé de neuf anneaux; sa tête est

(1) Dégéer.

ronde et jaunâtre, de consistance cornée et munie de deux fortes mandibules.

Elles lui servent à agrandir chaque jour sa demeure, tandis qu'elle se nourrit de la substance farineuse de son berceau.

Rien ne paraît altéré dans la forme et la couleur du grain.

Impossible de juger à l'extérieur des traces de la destruction.

Pour la reconnaître, il faut le jeter à l'eau.

On le voit alors surnager, pendant que ceux qui sont épargnés descendent au fond.

X.

C'est une expérience triste !

Vous la ferez souvent dans la vie, sous une forme ou sous une autre.

Que d'existences portent au cœur un principe de mort qui ne paraît pas au dehors !

Il faut les plaindre, car elles se trouvent souvent rongées par un mal héréditaire.

D'autres fois elles s'inoculent elles-mêmes le poison.

Elles le jettent dans leurs veines, elles corrompent leur sang.

Bientôt elles ne pourront plus supporter l'épreuve de l'eau, et un souffle les emportera.

Que d'esprits légers aussi !

Ceux-là n'ont pas su demander un aliment à l'étude et à la réflexion.

Souvent la faveur les tient pour quelque temps aux premiers rangs.

Ils y brillent même ; ils y coudoient et parfois ils effacent les grains fortement nourris et bien conservés.

Mais attendez ; ce qui est léger sera bientôt emporté et enseveli dans la confusion.

XI.

Pour vous, mes petits amis, éloignez de votre cœur ce qui peut y déposer un germe de mort.

Nourrissez votre âme de lumière et de vérité.

Qu'elle soit forte, inébranlable, et préparez-lui dans le monde une de ces places où l'on peut être un instant ébranlé par l'injustice et les passions, mais où l'on sera toujours avec une dignité que rien n'enlève.

Pardon, si je parais perdre un instant de vue la larve du *Charançon*.

Une autre fois je vous dirai ses métamorphoses.

Mais j'ai vu un ennemi, et j'ai dû vous le signaler, car il se fait souvent dans les jeunes âmes des ravages non moins à redouter que ceux de nos greniers.

Agréez, etc.

Comment s'établissent les classes, les familles, etc., en histoire naturelle. — Comment les Romains appelaient le *Charançon* et pourquoi. — Les variétés du *Charançon* étrangères à l'Europe. — Variétés européennes. — Le *Charançon* du blé.— Température nécessaire à la propagation du *Charançon*. — Comment il choisit le milieu où il déposera ses œufs. — Sa fécondité. — Ravages causés par sa larve. — Les épis légers. Il faut nourrir son âme de vérité.

QUESTIONS DE GRAMMAIRE. 2ᵉ *Division*. — Analyser grammaticalement la première phrase du paragraphe 11.

1ʳᵉ *Division*. — Analyser logiquement l'avant-dernière phrase de ce paragraphe. —Géographie. —Indiquer les différentes contrées de l'Europe, les diverses parties du monde et les colonies de la France dans chacune d'elles.

TREIZIÈME LETTRE.

Encore les *Charançons*. — Moyens à employer pour arrêter la propagation de ces insectes. — Les *Chalcidiens*. — La Bergeronnette.— Une destinée des bienfaiteurs.

Caen, 12 septembre 1869.

I.

Mes petits amis,

Vous savez comment le *Charançon* pratique une ouverture dans le grain de froment, y dépose un œuf et le dérobe aux regards.

Chaque insecte, pendant son existence de quelques jours, renouvelle cette ponte de 70 à 90 fois.

Pour lui, la mort vient ensuite.

Mais supposez seulement 40 *Charançons* dans un tas de blé, et voyez quels dégâts se produisent.

II.

De chaque œuf sort bientôt une larve.

Elle s'installe dans le grain de blé dont elle fait son berceau.

Là, elle croît et se développe; un mois lui suffit pour atteindre le *maximum* de sa grandeur.

Pendant ce temps, comme il faut vivre, la substance farineuse du blé lui sert d'aliment.

Le *charançon* la ronge, la dévore; la destruction ne subit pas un moment d'arrêt, et le froment, moins l'enveloppe, y passe tout entier.

Quand le vide est fait, la larve se trouve complète dans son organisation; une autre série de phénomènes commence.

III.

Il n'y a donc plus rien à extraire du grain de blé, et voilà cette larve bien nourrie.

Elle tombe dans l'immobilité; on la dirait saisie par une sorte de sommeil.

Il dure huit ou dix jours.

C'est le temps où la nymphe se forme.

Peau sale et rugueuse, corps à rides transversales et enfermé dans un tissu serré, tel est l'aspect qu'elle présente.

La métamorphose achevée, l'enveloppe se brise et une nouvelle *calandre* s'échappe.

IV.

Son existence, comme celle des insectes qui l'ont précédée, sera de quelques jours seulement.

Mais elle est tout armée pour perpétuer sa race.

Point de retard; elle se met à l'œuvre, dépose les œufs qu'elle porte; des larves en sortent, pendant qu'elle meurt; puis des nymphes et des *Charançons*.

C'est une série sans fin de transformations et de ruines.

Des millions de destructeurs se succèdent, ils en produisent des milliards, et à la fin, les greniers infestés ressemblent à une ruche. Bien plus ! la chaleur propre à ces myriades d'insectes se développe à tel point qu'on la sent avec la main.

V.

Toutefois la *Calandre* ou *Charançon* ne trouve pas toujours des grains de froment pour recevoir ses œufs.

Dans ce cas, elle les garde, mais elle tombe dans une sorte d'engourdissement qui n'est pas la mort.

Il lui faut pour ce temps une retraite : elle sait la choisir.

Son sommeil dure jusqu'à ce que des grains de blé soient de nouveau placés à sa portée.

Qui l'en avertit ? Son instinct, sans doute.

Tout est mystère pour nous dans la nature, et partout des faits qui nous frappent et nous étonnent.

Le *Charançon* ne doit pas être moins surpris que nous de son réveil.

Mais enfin son engourdissement cesse. Il fait sa ponte, puis il meurt.

VI.

Quels procédés employer pour arrêter sa propagation ?

Plusieurs ont été proposés.

Ainsi des fumigations de soufre et de tabac, l'introduction de plantes à odeur forte dans les granges et les tas de blé, l'emploi du goudron étendu au pinceau le long des murs, à une hauteur de 0ᵐ15 à 1ᵐ; des planchers bien joints, sans aucune des fentes où se cachent les insectes; une grande propreté, une aération constante, le blanchissage des crevasses, etc.

Ces procédés peuvent éloigner les *Charançons;* d'autres les détruisent.

VII.

Un de vos maîtres (1) me signalait naguère l'emploi des peaux de mouton.

On les étend, la laine en dessous, sur les tas de blé.

Les *Charançons* s'y réfugient.

Enlevez alors les toisons, secouez-les dans les basses-cours; les poules viendront manger les insectes qui tomberont.

Evitez cependant de leur en offrir une quantité trop grande, car un malaise pourrait s'ensuivre pour elles.

VIII.

Mais les œufs et les larves ne sont pas encore atteints.

Pour les détruire, on peut passer dans une étuve chauffée à 60° R., tout le blé charançonné.

Il en résulte, il est vrai, une dépense assez élevée; mais la propriété germinative des grains reste intacte.

On le dépose alors dans des tonneaux fermés de

(1) M. Groult, instituteur à Maizières (Calvados).

manière que les insectes ne puissent y pénétrer du dehors.

IX.

Un autre procédé non moins cher consiste à préparer des *silos* pour recevoir les grains.

On y introduit de l'air dans lequel les œufs ne peuvent éclore et les larves vivre.

De cette manière le blé se conserve.

Mais des précautions sont à prendre quand on pénètre dans ces *silos*.

Les grains de blé ainsi renfermés dégagent une grande quantité d'acide carbonique.

Naguère un cultivateur tombait asphyxié pour être entré imprudemment dans des *silos*.

X.

Mieux vaut, dans les conditions ordinaires, sacrifier une petite quantité de céréales.

On les place près du tas principal, mais sans y toucher, tandis que le reste est souvent remué et tenu à la plus basse température possible.

Les *Charançons* en sortent pour gagner le milieu où rien ne les inquiète.

Tout en faisant la part de l'ennemi, on évite des pertes considérables.

XI.

Du reste, la Providence suscite aux *Charançons* de puissants adversaires.

Ce sont les *Chalcidiens*, autres insectes que l'on rencontre partout, sur les plantes et dans nos greniers.

A peine ont-ils deux millimètres de longueur.

Ajoutez des antennes noires, ordinairement coudées, des yeux tirant sur le rouge, des pattes blanchâtres, des couleurs brillantes, variées et métalliques.

Il faut les compter parmi les ennemis les plus redoutables des larves du *Charançon*.

Ils sont armés d'une tarière à l'aide de laquelle ils percent leur peau, et ils y déposent des œufs d'où sortent des larves.

Celles du *Charançon* deviennent leur proie.

Elles prennent leur place, subissent les mêmes métamorphoses, se montrent bientôt à l'état d'insecte parfait et vont déposer leurs œufs sur d'autres grains attaqués.

Elles choisissent ces grains de préférence aux autres.

En peu de temps, elles détruisent l'insecte qu'elles poursuivent.

Les tas de blé et les sacs qui le renferment nous paraissent quelquefois verts.

Cette couleur atteste la présence d'une quantité considérable de *Chalcidiens;* gardons-nous de les éloigner.

XII.

Il faudrait aussi ne pas fermer nos greniers à la Bergeronnette.

Là, le charmant petit oiseau que nous connaissons déjà se fait notre auxiliaire.

Il a sa friandise, mais ne la craignons pas ; elle se porte moins sur le grain de blé que sur le *Charançon*.

Son regard vif et pénétrant l'a bientôt découvert, et le destructeur du froment ne peut échapper à ses poursuites.

Vingt bergeronnettes suffiraient à purger de *Charançons* un grenier de blé.

Il y a donc une lacune dans les chants du poëte qui a laissé tomber de sa lyre ces accents mélodieux :

> « Pauvre petit oiseau des champs,
> Inconstante bergeronnette,
> Qui voltiges, vive et coquette,
> Et qui siffles tes jolis chants;
>
> » Bergeronnette si gentille,
> Qui tournes autour du troupeau ;
> Par les prés, sautille, sautille,
> Et mire-toi dans le ruisseau !
>
> » Va, dans tes gracieux caprices,
> Becqueter la pointe des fleurs,
> Ou poursuivre aux pieds des génisses
> Les mouches aux vives couleurs.
>
> » Reprends tes jeux, bergeronnette,
> Bergeronnette au vol léger ;
> Nargue l'épervier qui te guette,
> Je suis là pour te protéger.
>
> » C'est ton doux chant dont je raffole,
> Tu es un bon ami pour moi !
> Bergeronnette, vole, vole,
> Bergeronnette, devant moi ! »

(Ch. DOVALLE.)

XIII.

Oui, un *bon ami*, un don du ciel.

Mais ses bienfaits ne sont pas toujours compris.

Que de destinées semblables! On passe en faisant le bien, et la reconnaissance ne vient pas toujours.

Mais qu'importe? Le grain de blé jeté dans la terre et arrosé par des sueurs qui échappent aux regards, germera pour se transformer en pur froment.

Il entrera peut-être dans l'aliment du pauvre et Dieu saura bien qui l'a semé.

Agréez, etc.

Les procédés du *Charançon*. — Le travail de ses larves. — Leur passage à l'état de nymphe. — Existence éphémère de l'insecte. — Instinct mystérieux du *Charançon*. — Moyens de détruire le *Charançon*. — Ce que l'on peut faire pour détruire les œufs et les larves. — Les *Chalcidiens:* leur action. — La *Bergeronnette*. — Courage contre l'ingratitude.

Exercices. — Apprendre la pièce de vers.

2e *Division*. — Conjuguer oralement les verbes *voltiger* et *becqueter*. — Qu'y a-t-il à remarquer sur les verbes en *ger*, *eter?* — A quelles personnes du singulier les verbes de la première conjugaison prennent-ils un *s?*

1re *Division*. — Rendre compte de la ponctuation de la pièce de vers. — Exposer les règles de la ponctuation.

QUATORZIÈME LETTRE.

RÉSUMÉ. — Les épreuves de la vie. — Pourquoi tant d'insectes? — Une fable de la Fontaine. — Du rang des insectes dans l'ordre de la création. — Leur instinct et leur organisation. — Rôle conservateur de quelques insectes. — Plusieurs entrent dans notre alimentation. — Comment la Providence nous défend contre ceux qui attaquent les céréales.

Livry, 7 octobre 1869.

I.

Mes petits amis,

Vous avez vu le semeur confier à la terre le grain de blé dont, plus tard, il fera du pain.

Vous savez de quels vœux il l'accompagne pendant qu'il germe, croît et mûrit.

Les sucs de la terre, la rosée et le soleil du bon Dieu sont pour cette semence une source de force et de vie.

Mais elle a de nombreux ennemis, et la Providence lui assure dans les oiseaux et dans d'autres êtres, des protecteurs vigilants.

II.

Les dangers que court ce grain de blé depuis le jour où il est déposé dans les sillons, jusqu'à ce qu'il serve à notre alimentation, je ne vous les rappellerai pas.

Je vous dirai seulement : toute existence a aussi

ses épreuves, et c'est en luttant contre elles qu'elle se développe.

Vous aurez vous-mêmes des combats à soutenir.

Jusqu'à ce jour ils n'ont été ni très-nombreux ni pénibles, car la Providence mesure toujours la force de la bise à la toison de l'agneau.

Mais en avançant dans la vie, vous verrez les difficultés se multiplier et grandir.

Ne vous en plaignez pas : qui sait en triompher devient vraiment homme.

III.

Ne nous hâtons pas trop, non plus, de reprocher à la Providence les insectes qui pullulent.

Il y a toujours, dans ses œuvres, des raisons cachées qui nous échappent.

Ecoutez La Fontaine :

IV.

Dieu fait bien ce qu'il fait ; sans en chercher la preuve
En tout cet univers, et l'aller parcourant,
    Dans les citrouilles je la treuve (1).
     Un villageois, considérant
Combien ce fruit est gros et sa tige menue :
« A quoi songeait, dit-il, l'auteur de tout cela ?
Il a bien mal placé cette citrouille-là !
    Eh parbleu ! je l'aurais pendue
    A l'un des chênes que voilà ;
    C'eût été justement l'affaire :
    Tel fruit, tel arbre, pour bien faire.

(1) *Treuve* pour *trouve*. Il était de règle, à l'origine de la langue française, que tout verbe, ayant à l'infinitif la diphthongue *ou*, la changeât en *eu* à l'indicatif.

C'est dommage, Garo (1), que tu n'es point (2) entré
Au conseil de celui que prêche ton curé ;
Tout en eût été mieux : car pourquoi, par exemple,
Le gland, qui n'est pas gros comme mon petit doigt,
   Ne pend-il pas en cet endroit?
   Dieu s'est mépris; plus je contemple
Ces fruits ainsi placés, plus il semble à Garo
   Que l'on a fait un quiproquo. »
Cette réflexion embarrassant notre homme :
« On ne dort point, dit-il, quand on a tant d'esprit.»
Sous un chêne aussitôt, il va prendre son somme.
Un gland tombe : le nez du dormeur en pâtit.
Il s'éveille ; et, portant la main sur son visage,
Il trouve encor le gland pris au poil du menton.
Son nez meurtri le force à changer de langage.
« Oh! oh! dit-il, je saigne ! et que serait-ce donc
S'il fût tombé de l'arbre une masse plus lourde,
   Et que ce gland eût été gourde ?
Dieu ne l'a pas voulu ; sans doute il eut raison,
   J'en vois bien à présent la cause. »
   En louant Dieu de toute chose,
   Garo retourne à la maison.
          (La Fontaine, *Fables*, l. IX, 4.)

C'est là l'idée générale.

Voyons comment elle s'applique aux insectes.

V.

Je pourrais d'abord vous faire remarquer le rang
qu'ils occupent dans la création.

Leur organisation les place à la tête des animaux
inférieurs, et ils constituent un des anneaux de la
grande chaîne des êtres.

(1) *Garo.* C'est le nom que La Fontaine donne à son paysan.
(2) Aujourd'hui on dirait : *Que tu ne sois pas entré.*

Si vous suiviez quelquefois les développements de
la vie depuis ses manifestations les plus simples jusqu'à ses épanouissements les plus riches dans l'homme, quel spectacle merveilleux !

Comme il touche l'âme et l'élève vers Dieu ! Comme
il nous remplit de respect pour nous-mêmes !

VI.

L'intelligence manque à ces insectes que nous
foulons aux pieds.

Mais vous savez avec quelle sûreté l'instinct leur
révèle la retraite qui convient à chacun d'eux, le
centre où leurs œufs peuvent éclore, leurs larves se
nourrir, et comme ils les dérobent aux regards.

Essayez quelque jour d'étudier leur organisation.

Un microscope vous sera nécessaire, car leur pe-
titesse est souvent si grande qu'à peine vos yeux, si
pénétrants qu'ils soient, les découvrent.

N'importe ! avec l'instrument que la science nous
prépare vous reconnaîtrez en eux un système nerveux et musculaire, une circulation du sang, les
phénomènes de la nutrition, toutes les grandes fonctions vitales.

Comment des organes si nombreux et si compli-
qués peuvent-ils tenir dans ce petit corps ? C'est le
secret du Créateur.

VII.

Et le rôle des insectes ?

Beaucoup, vous l'avez vu, exercent une influence
malheureuse par quelques côtés.

Mais tous ne sont pas à condamner.

La science nous apprend que les larves aquatiques conservent aux eaux leur pureté, en absorbant les substances délétères qui les corrompraient.

D'autres insectes rendent plus rapide la dissolution des plantes et des animaux que la vie abandonne ; ils entretiennent ainsi la salubrité de l'air.

La voracité avec laquelle ils y travaillent se comprend à peine.

Trois mouches et leurs générations sans cesse renaissantes mettraient moins de temps qu'un lion pour dévorer un cheval.

C'est du moins l'opinion de Linnée, un des savants que la science honore (1).

VIII.

Leur action bienfaisante se révèle sous une autre forme ; c'est la vie, le croiriez-vous ? qu'ils arrêtent dans ses développements.

Car il peut y avoir surabondance dans la vie.

Ainsi, des plantes et des êtres inférieurs tendent à se multiplier à l'infini.

Si rien ne s'y opposait, ils envahiraient la terre, l'équilibre de la création serait brisé.

Mais des insectes ont reçu pour mission d'en assurer l'harmonie et la durée.

Ils ont été placés en ce monde pour le protéger contre des envahissements que l'homme serait impuissant à conjurer.

(1) Célèbre naturaliste suédois, né en 1707, mort en 1778.

Partout où le danger se présente, ils travaillent à nos côtés, dans l'ombre et le silence.

A peine songeons-nous à leur présence, et, pendant qu'ils accomplissent leur mission, nous les écrasons sans le vouloir.

Car la vie est partout dans la nature ; en nous-mêmes, sous nos pas, dans le milieu où nous respirons : c'est un grand mystère.

IX.

Et puis, l'insecte qui en a détruit d'autres entre dans notre alimentation, quelquefois comme un mets recherché (1).

La sensualité est ainsi faite ; elle demande une jouissance à ce petit être qui blessait nos regards ou excitait nos plaintes contre la Providence.

Du reste, pour satisfaire ainsi nos goûts, nous pouvons beaucoup détruire, si nous le voulons.

L'individu disparaît, l'espèce ne sera jamais éteinte, tant les générations se succèdent avec rapidité !

X.

Mais les insectes nuisibles à nos céréales ?

Vous les connaissez maintenant pour la plupart, et vous savez combien leurs ravages sont effrayants.

La Providence, toutefois, ne nous laisse pas désarmés en présence de ces ennemis.

Des auxiliaires qu'elle nous donne pour les combattre, les uns se cachent sous terre, parce que notre adversaire est là.

(1) Voir p. 68.

Mais de tristes préjugés nous portent encore à les détruire.

Soyez, vous, les propagateurs des connaissances utiles.

Vous grandirez; vous aurez, je le désire du moins, votre champ, votre prairie.

Ne poursuivez pas la taupe (1).

Dans son travail souterrain, elle fait disparaître des larves sans nombre qui vivraient aux dépens de nos céréales.

XI.

D'autres protecteurs voltigent sur nos têtes, nous égayent par leurs chants, et, quand les jours sont mauvais, l'hiver rigoureux, ils nous demandent au foyer une place, un peu de chaleur, une miette de pain.

Laissons-les parcourir en liberté l'espace, nos herbages et nos champs de blé.

Chasseurs infatigables, ils ont, pour saisir nos ennemis, les ailes rapides et le regard perçant qui nous manquent.

Pendant qu'ils accomplissent leur œuvre, dites quelquefois :

> « Petits oiseaux, habitants des bocages,
> Chantez. . à l'infini, répétez vos ramages ;
> Chantez... que c'est joli d'ouïr vos douces voix !
> Chantez et sautillez sur la feuille des bois. »

Recevez, etc.

(1) Voir p. 24.

EXERCICES DE GRAMMAIRE. — Apprendre la fable de La Fontaine. — La raconter oralement et en prose.

2e Division. — Analyse grammaticale du vers : on ne dort pas...

1re Division. — Donner l'orthographe du mot *même*, suivant les différents cas dans lesquels il peut être employé. — Relever les inversions qui se trouvent dans la fable de La Fontaine.

QUINZIÈME LETTRE.

RÉSUMÉ (*Suite*). — Plaintes d'une mésange.— Un père, une mère, leur enfant et les plumes d'une fauvette.—Droit du faible et protection.— Respect aux oiseaux.

Livry, 10 octobre 1869.

I.

Mes petits amis,

Respectez les oiseaux et leurs petits ;
Quand ils les perdent, leur douleur est si grande !
Ils ont pour eux toute la tendresse que vous trouvez dans le cœur de vos mères.
Écoutez ces plaintes navrantes d'une mésange :

De mon cœur affligé, ravivant les douleurs,
Je veux bien te conter la cause de mes pleurs.
J'avais quatre petits ; de la plus fine mousse,
J'avais bâti leur nid, et pour rendre plus douce
Leur couche, chaque jour, quand le ciel était clair,
J'y portais ce duvet qu'on voit flotter dans l'air.
Pour eux seuls je vivais ; ils étaient mes délices,
Pour eux des plus doux fruits je cueillais les prémices.
J'étais heureuse alors ; j'avais des chants joyeux
Qui s'envolaient, légers, rapides vers les cieux.

Mais ce bonheur si grand, dont j'étais enivrée,
Devait finir. D'une aile, un jour, mal assurée,
Fatigués de leur nid et bien faibles encor,
Ensemble ils essayaient de prendre leur essor,
Lorsque du haut des airs, fondant d'un vol rapide,
Deux éperviers, à l'œil fauve et de proie avide,
Enfoncèrent leur ongle en leurs corps délicats,
Puis en firent les mets de leur sanglant repas.
Voilà pourquoi je pleure, enfant... longtemps encore
Je pleurerai...

(Mlle A. B.)

II.

Surtout ne soyez jamais l'épervier

> ... à l'œil fauve et de proie avide...

Ce regard ferait peur à votre mère.

Son œil ne pourrait se reconnaître dans le vôtre, si d'un petit oiseau il cherchait à faire sa proie.

Peut-être même aurait-elle à tenir, avec votre père, ce dialogue inspiré par une fauvette, victime d'un enfant :

... Et puis il l'a plumée ! Oui, partout le corps,
Hors les ailes pourtant. La porte était fermée,
Il a bien su l'ouvrir pour la mettre dehors.
    Elle a volé, la malheureuse !
    Elle volait en gémissant ;
    J'entendais sa voix douloureuse
Qui me saignait le cœur... Nous aurons un méchant ;
Juge ce qu'il fera s'il devient jamais grand.
Voilà, mon bon ami, ce qui me désespère :
Aurais-tu fait cela quand tu n'étais qu'enfant ?
    Moi qui disais à tout instant :
Mon cher Antoine aura la bonté de son père.
Aussi je l'aimais trop ; que Dieu m'en punit bien !...

— Va, va ! console-toi, ma chérie ;
Sèche tes pleurs et ne crains rien.
Il est là-haut une justice
Aux bons parents toujours propice.
S'il doit être un méchant, les cieux nous l'ôteront ;
Non, jamais ils ne permettront....
Approche-toi. mon fils ; viens, viens que je t'embrasse,
Que je t'embrasse, hélas ! pour la dernière fois.
Tu fais bien de pleurer ; je pleure aussi, tu vois.
Mets ta main sur mon cœur : tiens ! c'était là ta place ;
Car je t'aimais, Antoine, et c'était mon bonheur.
Je ne t'aimerai plus... Oh ! si fait ! j'ai beau dire,
Je t'aimerai toujours : ce sera ma douleur...
Il faut les ramasser, les plumes de l'oiseau,
Et les pendre à ce soliveau.
Ramasse-les, pauvre femme,
Quand nous l'aimerons trop, nous les regarderons ;
En les regardant, nous dirons :
Il ne faut point aimer une aussi méchante âme.
Ce pauvre oiseau ! mon fils (reste sur mes genoux),
Ce pauvre oiseau ! crois-tu que la seule froidure
L'ait amené chez nous ?
Non, c'est l'auteur de la nature
Qui le mettait entre nos mains ;
C'était nous ordonner de lui sauver la vie :
Il prend soin des oiseaux tout comme des humains.
Et vous l'avez plumé ! S'il me prenait envie
De vous envoyer nu passer la nuit au froid....
Vous m'en avez donné le droit ;
Vous n'auriez point à vous en plaindre ;
Mais je serais méchant, je vous ressemblerais,
Et plus que vous j'en souffrirais....
Ne tremble point, mon fils ; va ! tu n'as rien à craindre,
Car je sens que je t'aime et t'aimerai toujours.
J'espérais que, dans la vieillesse,
De ta mère et de moi tu serais le secours ;
Et tu vas abréger nos jours
Par les chagrins et la tristesse....

— Ah ! maman... ah ! papa... baisez-moi de bon cœur.
Non, vous ne mourrez pas de chagrin, de douleur :
    Tout le bien que je pourrai faire,
    Je vous promets, je le ferai.
Je serai bon enfant, je vous ressemblerai.
    Aisément un père, une mère
Se laissent attendrir. Antoine eut son pardon.
    Il tint sa promesse ; il fut bon.
    Il fut si vertueux, si sage,
    Qu'on le montrait dans le canton
    A tous les enfants de son âge.
Un jour qu'il regardait tristement au plancher,
La mère, qui le vit, alla prendre une échelle :
    Monte, mon fils, monte, dit-elle,
    Et va promptement détacher
Les plumes de l'oiseau : c'est là ce qui t'afflige :
    Jette-les au feu, ne crains rien ;
    Ton père le veut bien.
Tu le veux, n'est-ce pas ? — Oui. — Jette-les, te dis-je,
    Et qu'il ne reste aucun vestige...
    Non, maman, je les garderai.
    A mes enfants, si Dieu m'en donne,
    En pleurant, je les montrerai,
    En même temps, je leur dirai :
Un jour je fus méchant, et ma mère fut bonne.

(L'abbé Lemonnier.)

III.

C'est tout un drame, vous le voyez, et c'est une image de la vie.

Un jour notre malheureux naturel nous entraîne.

Des êtres faibles, inoffensifs comme le petit oiseau, deviennent notre victime.

Puis viennent la réflexion, le remords et le regret.

Nous allons chercher le pardon sur le sein de notre mère.

A travers ses larmes, nous voyons son cœur qui l'accorde ; la tendresse l'ouvre si promptement à l'indulgence.

Nous l'avions pourtant blessé, mais l'oubli lui semble si doux !

Que sa bonté nous inspire ; nous apprendrons d'elle à devenir les protecteurs du faible.

Comme nous aimons à reposer sur le sein de notre mère, nous laisserons l'oiseau grandir dans son petit nid.

Qu'il attende là, calme et sans péril, la becquée toute composée d'insectes qu'on lui apporte.

Il prélude ainsi à leur destruction. Quand ses ailes seront venues, il poursuivra lui-même les ennemis de nos céréales.

Agréez, etc.

Exercice commun aux deux divisions. — Rechercher les sentiments exprimés dans les deux pièces de vers, et apprendre par cœur ces deux morceaux de poésie.—Substituer, dans un devoir écrit, la prose à la poésie.

SEIZIÈME LETTRE.

Résumé (*Suite*). — Insectes utiles. — Les oiseaux et les chenilles.—Les *Ichneumons* et les *Tachines*. — Les *Libellules* et les *Carabes*. — Le *Taupin* et le *Zabre*. — L'activité de l'homme et la science. — Culture intelligente.—Les calamités publiques. — Les trois forces de l'homme.

Caen, le 12 décembre 1869.

I.

Mes petits amis,

Des insectes nous rendent des services.

Peut-être aurez-vous peine à le croire, et cependant c'est la réalité.

Déjà nous avons parlé de ceux qui arrêtent une trop grande propagation de certaines plantes.

Il en est également qui s'attachent à d'autres insectes pour les détruire.

Ce sont des parasites.

Dans la vie, vous en trouverez de tout genre et de la pire espèce : des paresseux qui consomment sans rendre aucun service.

Ceux dont je vous parle naissent sur leurs victimes, ils s'y développent, s'en nourrissent et font une rude guerre à nos ennemis ;

C'est le beau côté de leur rôle.

II.

Au retour du printemps, et vers le milieu de l'automne, avez-vous remarqué une immense quantité de chenilles dans les arbres, dans les buissons, sur les haies ?

Elles s'enferment là, dans une toile serrée, imperméable.

Ces demeures se construisent tout à coup ; les branches en sont couvertes ; il ne reste plus trace d'une feuille ; la désolation a passé par là.

Ouvrez ces fourreaux, vous y verrez fourmiller des chenilles aux couleurs les plus diverses : blanches, rouges, vertes, jaunâtres, etc.

Si toutes prospéraient, bientôt nos jardins et nos champs seraient envahis.

Il n'en sort cependant qu'un petit nombre de papillons.

C'est que les oiseaux viennent visiter ces nids, d'où ils emportent une partie des chenilles, tandis qu'une autre devient la proie des insectes parasites.

III.

Nous connaissons leur nom.

Voici d'abord les *Ichneumons* ou *Mouches vibrantes*.

Ce sont des insectes dont les ailes s'unissent deux à deux.

Ils ont le corps fluet ; des antennes et une longue tarière le terminent ordinairement.

Elle se compose de trois fils dont la longueur égale celle du corps de l'insecte.

Le plus important est celui du milieu; les deux autres l'enveloppent comme dans une gaîne.

Il sert à déposer les œufs dans le milieu choisi par l'*Ichneumon* (1).

Ce milieu varie.

C'est quelquefois l'écorce des arbres, même l'épaisseur du bois.

Il y a là des vers dont les *Ichneumons* sont friands.

Rien de merveilleux comme les moyens qu'ils emploient pour arriver à leur victime.

IV.

Voyons; les voilà sur l'écorce d'un arbre.

(1) Prononcez : *Ikneumon*.

8.

Elle vous paraît parfaitement saine; rien n'y trahit la présence d'un ver.

L'insecte regarde, fait l'inspection des lieux.

Ses antennes ne cessent de vibrer pendant qu'elles palpent l'écorce avec une sûreté qui ne le trompe jamais. Et il ne doit pas seulement découvrir la victime.

Il faut qu'il sache si un autre *Ichneumon* n'a pas déjà déposé là son œuf, car deux larves ne pourraient s'y développer.

A quelle profondeur se trouve le ver qu'il convoite? Est-il bien dodu, gras à point? attendu qu'il ne s'agit pas de faire maigre chère! Autant de problèmes à résoudre.

Quand l'emplacement lui paraît bon, le voilà qui s'affermit sur ses pattes, redresse le ventre, plonge la pointe de sa tarière dans une fissure imperceptible de l'écorce, atteint le ver, perce ses chairs, y dépose un œuf et se retire pour aller à la recherche d'une autre victime.

Ce sont là les *Ichneumons* à longue tarière.

V.

D'autres l'ont plus courte et ils cherchent ailleurs le milieu qui leur convient.

Ils le trouvent souvent en plein air; ce sont les chenilles qui le leur fournissent.

Regardez sur ces feuilles où elles broutent.

Elles sont là tout un troupeau.

Il est calme; rien ne semble l'inquiéter; la destruction marche.

Un *Ichneumon* arrive tout à coup.

Le bruit de ses ailes jette l'effroi dans les rangs.

La destruction s'arrête, on s'agite, on donne des coups de tête dans toutes les directions.

Mais l'*Ichneumon* a déjà fait son choix.

De côté, les chenilles dont les flancs portent des œufs ; pour lui les meilleures, celles qui sont intactes.

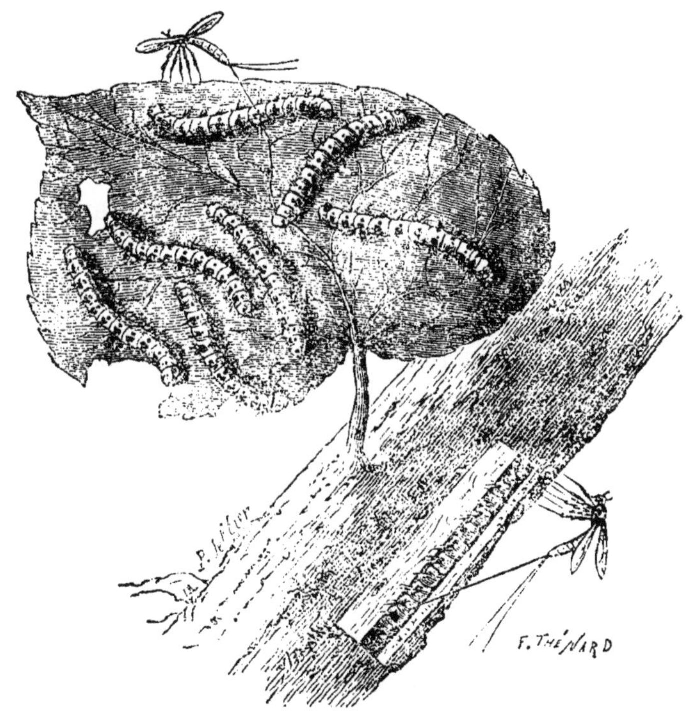

Ichneumon poursuivant des chenilles.

Sa tarière les perce ; un œuf tombe dans la plaie, et toutes y passent jusqu'à ce que la ponte soit terminée ; alors l'*Ichneumon* s'envole.

VI.

Les chenilles reprennent leur œuvre; la plaie se referme; on dirait qu'il n'a été de rien.

Mais bientôt les œufs déposés éclosent, il vient des larves qui dévorent l'intérieur de la chenille.

Elles le font lentement, car il faut qu'elles ménagent leur proie pendant qu'elles se développent.

Elles doivent même se garder de toucher d'abord aux organes essentiels à la vie; la chenille périrait et les larves aussi.

Mais quand l'époque de leur métamorphose arrive, tout est dévoré.

De la chenille, il ne reste plus qu'une peau flasque et desséchée.

Elle porte une cicatrice ou tache noire qu'il faudrait reconnaître à l'époque de l'échenillage.

Ne faites jamais périr cette enveloppe par le feu ou d'une manière quelconque.

Il y a là une larve qui deviendra plus tard un *Ichneumon* et se donnera tout entier à l'œuvre de l'insecte auquel il doit la vie.

VII.

Si l'échenillage n'a pas lieu, les larves de l'*Ichneumon* abandonnent la peau flasque où elles se sont développées.

Elles se mettent à filer elles-mêmes leur cocon, passent à l'état de nymphes, et l'*Ichneumon* arrive à son temps.

Il en est qui laissent la chenille devenir chrysalide; c'est une ruse.

Elles y trouvent une retraite pour l'hiver.

Le printemps venu, des *Ichneumons* et non des
papillons s'envolent dans les airs.

N'est-ce pas là une merveilleuse série de métamorphoses?

Vous le voyez : à nos côtés, au-dessus de nos têtes,
se livrent des combats terribles.

Des existences y succombent; les ennemis de nos
moissons sont arrêtés dans leur propagation.

Et la Providence nous a préparé d'autres soldats
encore.

VIII.

Ce sont les *Tachines*, insectes à deux ailes et à
taille épaisse.

Le même instinct les pousse vers les chenilles, sur
lesquelles elles déposent leurs œufs.

Des larves naissent, pénètrent dans le corps de la
victime et se nourrissent de sa substance.

Quand leur organisation est complète, une mouche,
au lieu d'un papillon, sort souvent de la chrysalide.

Les *Libellules*, les *Asiles*, les *Carabes* paraissent
remplir, dans la nature, une mission semblable;

Où ils passent, les chenilles diminuent.

IX.

Voici encore le *Carabe* doré.

Si ce mot vous paraît trop scientifique remplacez-
le par celui de *belle-jardinière*.

Vous aurez le même être.

Nos pères connaissaient cet insecte de longtemps.

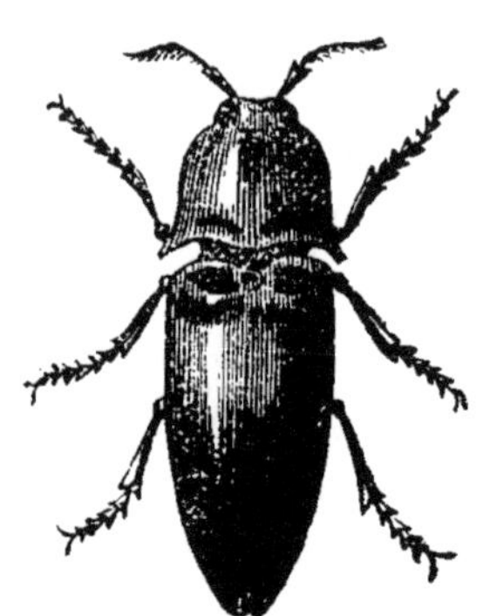

Carabe doré, ou Belle-Jardinière.

Ils vous diraient sa taille qui ne dépasse guère un pouce (1) de longueur; le vert métallique, à reflets d'or, de la partie supérieure de son corps et la couleur noirâtre de son ventre.

Ils vous feraient remarquer ses gracieuses élytres qui l'enferment dans une solide cuirasse; ses longues jambes qui le précipitent sur sa proie.

Il lui faut toujours des êtres vivants : escargots, limaces, vers de terre, chenilles, hannetons.

Si vous le voyez courir à grandes enjambées, c'est qu'il les cherche partout.

Et malheur à qui tombe sous ses mandibules !

Elles sont longues, pointues, recourbées en croc ; on dirait des lames de ciseaux, tant elles se croisent fortement.

Vous ne serez pas longtemps sans le voir déchiqueter quelque hanneton.

(1) 0ᵐ 027.

Ses mandibules fouillent les entrailles de l'insecte ;
il met une avidité féroce à boire les sucs qui sortent
de son corps.

Quand il l'a comme éventré, il le traîne par la patte.

Mais s'il entend quelque bruit, la victime reste et
le carabe fuit à pas précipités.

Il a, d'ailleurs, d'autres proies à poursuivre ; par
exemple, le *Taupin* des moissons.

X.

Plus d'une fois vous avez vu ce ravageur de nos
céréales et surtout de l'avoine.

Sa couleur brunâtre, sa peau coriace, luisante,
mais d'une teinte jaune et sale, n'a pas dû vous sé-
duire.

Il y a de certains mélanges de nuances qui excitent
toujours le dégoût !

Le regard, l'intelligence, ce je ne sais quoi de délicat qui est en chacun de nous, souffre à leur aspect.

Pas une ligne que l'on s'arrête à contempler, tout
est sombre dans le *Taupin*.

XI.

Sa larve passe, dans la terre, deux ou trois ans
pour le moins.

Elle est là, tout près de la racine du blé, qu'elle
ronge, qui se fane ensuite et qui meurt.

Le *Carabe* ne peut aller chercher la larve à ces
profondeurs où elle exerce ses ravages.

Mais il est là pour saisir l'insecte parfait, quand

celui-ci, avec ses petites jambes, parcourt nos gué-
rets, nos jardins et nos pépinières.

Il ne tombe pas du premier coup sous les mandibules de son ennemi.

Et c'est merveille de le voir exécuter ses évolutions
pour échapper aux serres qui s'ouvrent afin de le
saisir.

Le Taupin.

Tenez; il est sur le dos, le ventre en l'air; l'ennemi approche, vous le croyez perdu; pas du tout.

Il y a, dans son organisme, sur le rebord de la
poitrine, un ressort immobile quand tout est calme.

A l'approche du danger, le corselet et les élytres
choquent le sol, le ressort se détend, l'insecte saute
en l'air, l'ennemi passe et le *taupin* s'enfuit.

Mais ses pattes sont si courtes qu'il est bientôt
saisi par des mandibules qui le brisent.

C'est toujours le carabe qui se trouve là; un vrai
garde champêtre, comme on l'a dit, qui, jour et nuit,
sans trêve ni repos, protége nos champs.

XII.

Voulez-vous faire une expérience curieuse ?

Prenez des *carabes*, disposez-les au pied des arbres envahis par les chenilles;

Ils y montent, la nuit, dévorent l'inse.te, et la destruction s'arrête.

Ces actes divers nous touchent de près, dans nos intérêts les plus intimes.

Ils devraient, ce semble, nous faire aimer tous les *Carabiques*.

XIII.

Il en est un cependant, le *zabre*, qui n'a pas les instincts généreux de la famille ; il y a partout des membres qui semblent tenir d'une autre race !

Couleur noire et courant sur le brun, forme trapue ; moins dégagé, moins vif d'allure que les autres *Carabiques ;* rien d'attrayant.

On serait tenté de le regarder comme un être peu fait pour la lumière.

Le jour il se blottit au milieu des pierres, sous des mottes de terre, dans des touffes de gazon.

Quand vient le frais du soir et son clair-obscur, sous le couvert des ténèbres, il sort de cette retraite, grimpe sur les chaumes et suce la partie encore tendre et sucrée de nos grains.

Ses ravages sont quelquefois effrayants.

Il y a quelques années, dans une province de la Belgique, les *Zabres* rasèrent complétement 114 hectares de seigle.

Heureusement, cet insecte a des ennemis qui se précipitent sur ses larves, s'en délectent et les détruisent.

Remuez profondément aux approches de l'hiver les terres qu'il infecte, vous voyez accourir les corneilles.

Laissez-les pousser leurs cris perçants, c'est leur

manière de sonner la charge; comme elle est toujours vigoureuse, où elles tombent, la larve du *Zabre* disparaît.

Au lieu de les détruire, comme on le fait encore dans quelques villages, imitons l'Allemagne qui se garderait bien d'y toucher.

XIV.

Qu'est-ce cela? l'intelligence de l'homme qui use à son profit d'une force de la nature.

Il faut que son action pénètre partout; on ne lutte pas en restant oisif.

La Providence a voulu que nous ayons notre part dans ce combat contre des forces ennemies.

Il ne tient qu'à nous de prendre notre rang; il sera toujours utilement occupé si nous le voulons.

Le paresseux s'endort et l'ennemi détruit ses récoltes.

L'homme intelligent demande à la science ses découvertes; et son activité, secondée par elles, devient une puissance qui arrête la destruction.

XV.

L'expérience nous apprend que l'assolement et la rotation des cultures peuvent avoir le double résultat que voici :

Par la variété des récoltes, ils entretiennent la fertilité du sol.

Ils font aussi disparaître les plantes sur lesquelles les insectes aiment à déposer leurs œufs (1).

(1) Voir p. 49.

La conséquence est claire : plus de larves et de
ravages.

XVI.

On peut aussi retarder les semailles.

Le froid de l'automne saisit alors les insectes, et
la force leur manque pour déposer leurs œufs.

Ou bien, avant que la maturité soit tout à fait
complète, coupez la récolte ; les larves ne parvien-
dront pas à l'état adulte, la moisson suivante sera
épargnée.

N'oubliez pas non plus les moyens indiqués pour
détruire les *vers blancs*, les *hannetons*, les *calan-
dres* (1), et tout le bataillon des autres destructeurs.

XVII.

Vous le voyez, rien ne manque à l'homme pour se
protéger contre des forces ennemies.

Sans doute, il pourra toujours survenir des calamités ou *plaies* d'Égypte.

Ce sont des châtiments provoqués par le mal.

Vous entendrez parfois certaines voix protester
contre eux, en accusant la bonté de Dieu.

Ne nous laissons pas égarer par ces clameurs.

Mettons toujours de la droiture dans nos pensées
et dans nos actes.

Que le Créateur nous trouve fidèles à nos devoirs ;
nous aurons moins à redouter les épreuves qui frappent tout un peuple.

(1) Voir p. 24, 21, 106, 118 et sqq.

XVIII.

Sachons aussi ouvrir notre intelligence par l'étude.

Les données de la science sont un trésor ; il faut le conquérir.

Nous marchons au sein d'un monde où les ennemis sont nombreux ; apprenons à les connaître pour en triompher.

Qu'il y ait de l'énergie dans nos bras, mais ne laissons pas tomber nos sueurs sur la pierre ; rien ne germerait.

De l'intelligence, du travail et de la vertu, telles sont les forces qu'il nous faut.

XIX.

Si ces études, que d'autres suivront, peuvent vous porter à aimer la science et la vertu, souvent je redirai pour vous cette prière que j'ai plus d'une fois surprise sur vos lèvres :

> Notre père des Cieux, bénissez *leur* jeunesse.
> Pour *leurs* parents, pour *eux*, je vous prie à genoux ;
> Afin qu'ils soient heureux, donnez-leur la sagesse,
> Et puissent ces enfants nous contenter sans cesse,
> Pour être aimés et de *tous* et de vous.   (Mme TASTU.)

Agréez, mes petits amis, l'assurance de mes sentiments bien affectueux.

EXERCICE COMMUN ET RÉSUMÉ GÉNÉRAL. — 1º Quels sont les insectes qui attaquent le blé ? 1º dans le sein de la terre ; 2º dans l'épi naissant ; 3º dans l'épi qui approche de la maturité ; 4º dans les greniers ? — 5º Quels sont les êtres créés par la Providence pour protéger le blé dans ces conditions? Quels sont les soins que le blé réclame de l'homme lui-même ? — 6º Montrer l'utilité de l'étude et de la science.

TABLE DES MATIÈRES

Afin de faire connaître le plan que nous avons suivi pour la rédaction
des articles, nous extrayons de ce nouveau Dictionnaire quelques mots
s'appliquant aux diverses connaissances qui y sont traitées.

ALLER. *vn. irr.* se transporter d'un lieu à un autre : *aller à Bordeaux ;* conduire : *ce chemin va à Saint-Denis ;* marcher : *l'âne va lentement ;* avancer, être en bon train : *cette besogne va vite ;* fonctionner : *cette montre va trente heures ;* prospérer : *le commerce va ;* convenir : *le rose va aux blondes ;* s'élever : *les prières vont à Dieu ;* toucher : *aller à l'âme ;* se porter : *comment allez-vous ;* être sur le point de : *je vais me marier.* — *Ind. pr.* je vais, tu vas, il va, n. allons, v. allez, ils vont ; *imp.* j'allais ; *p. d.* j'allai, tu allas ; *fut.* j'irai ; *cond.* j'irais ; *impér.* va, allons ; *subj. prés.* que j'aille ; *imp.* que j'allasse ; *p. pr.* allant ; *p. p.* allé, e. — S'EN ALLER, *vpr.* partir, s'écouler ; mourir. Aux temps composés on se sert du verbe *être,* que l'on place entre *en* et *allé.* Ainsi on dit : *je m'en suis allé,* et non je me suis en allé ; à l'*impér.* on dit : *va-t'en,* pour va-toi en, etc. — LE PIS-ALLER, le pis qu'il puisse arriver.

ANALYSE. *sf.* (g. *analusô,* résoudre), décomposition : *l'analyse d'une pensée ;* extrait, résumé : *l'analyse d'un discours.* ANALYSE CHIMIQUE : décomposition d'un corps en ses principes constituants : *analyse de l'eau.* ANALYSE GRAMMATICALE : qui considère les mots un à un, en indique l'espèce, le genre, le nombre, etc. ANALYSE LOGIQUE : décomposition d'une proposition en ses parties : le sujet, le verbe, l'attribut. *En dernière analyse, loc. adv.* en dernier résultat.

CÉSAR (JULES), général romain, dictateur perpétuel, écrivain distingué, né en 100 av. J.-C. Proscrit par Sylla, il ne revint à Rome qu'après la mort de ce dictateur, et sut capter la faveur du peuple. Il s'associa avec Pompée et Crassus, et forma avec eux le fameux triumvirat qui leur assura un pouvoir absolu. Gouverneur de la Gaule, il employa dix ans à en faire la conquête. Forcé de se démettre de son commandement, il marcha sur Rome, entra dans la ville et se fit donner la dictature. Après avoir remporté de grandes victoires en Asie, les républicains redoutant sa puissance l'accusèrent d'aspirer à la royauté et conspirèrent contre lui. Il fut assassiné en plein sénat par Brutus et Cassius, en 44 av. J.-C.

ESPRIT, sm. (l. *spiritus,* souffle), substance incorporelle : *Dieu est un esprit ;* être spirituel : *les esprits célestes ;* âme : *rendre l'esprit ;* revenant : *avoir peur des esprits ;* l'ensemble des facultés intellectuelles : *cultiver son esprit ;* facilité de conception : *avoir l'esprit vif ;* mémoire : *le passé revient à son esprit ;* imagination : *esprit fécond ;* jugement : *esprit net, clair ;* humeur, caractère : *esprit mutin ;* aptitude pour : *avoir l'esprit des affaires ;* pensées fines, piquantes : *dépenser beaucoup d'esprit ;* sens d'un texte : *saisir l'esprit d'un livre ;* essence : *esprit de néroli, de roses ; — Au pl.* se dit des eaux-de-vie en général : *les esprits sont en baisse.* — ESPRIT-DE-VIN : liqueur qui s'extrait du vin par la distillation.

EUROPE, une des cinq parties du monde, la plus petite pour la superficie, la deuxième pour la population, l'Asie tenant le premier rang, mais la plus riche, la plus civilisée, la plus éclairée, la plus puissante. Elle est bornée au N. par la mer Glaciale, au S. par la Méditerranée, à l'O. par l'Atlantique, à l'E. par la mer Caspienne, les monts Ourals et le Kara. Sa superficie est de 3,900 kil. de longueur, sur 3,500 kil. de largeur et sa population de 290,000,000 d'hab. — Elle est divisée en 16 États principaux : 4 au N. : les îles Britanniques, le Danemark, la Suède et la Russie ; 7 au centre : la France, la Belgique, la Hollande, la Suisse, l'Allemagne, l'Autriche et la Prusse ; 5 au S. : l'Espagne, le Portugal, l'Italie, la Turquie et la Grèce.

INSTRUCTION, sf. éducation, enseignement : *instruction de la jeunesse ;* connaissances acquises : *avoir de l'instruction ;* leçons, préceptes : *puiser dans la Bible d'utiles instructions ;* explication, avis pour la conduite d'une affaire : *donner des instructions détaillées.* — INSTRUCTION PUBLIQUE, se dit de tout l'enseignement donné ou surveillé par l'État ; se divise en trois branches : 1° *instruction primaire,* comprenant les études élémentaires (lecture, écriture, calcul, dessin linéaire, etc.) ; 2° *instruction secondaire,* comprenant les études classiques (littérature française, latine, grecque, histoire, sciences, etc.) ; 3° *instruction supérieure,* comprenant les hautes études (théologie, droit, médecine et pharmacie, sciences et lettres). — INSTRUCTION D'UNE AFFAIRE, procédure qui met l'affaire en état d'être jugée.

MONTYON (ANTOINE-JEAN-BAPTISTE-ROBERT-AUG., baron de), philanthrope, né en 1733, m. en 1820. Conseiller d'État. Il employa une grande partie de sa fortune à encourager les lettres, et fonda en 1782 un prix de 1,200 fr. pour l'ouvrage que l'Académie française jugerait le meilleur parmi ceux publiés dans l'année, et un prix de vertu. Il fit encore d'autres dotations aux académies et laissa aux hospices une somme de près de trois millions.

NOM, sm. (l. *nomen*), terme qui sert à désigner une personne ou une chose ; réputation : *se faire un nom dans les lettres ;* naissance, noblesse : *n'avoir pour soi que son nom ;* épithète : *être indigne du nom d'ami.* — NOM DE GUERRE, nom supposé que l'on prend : *certains écrivains prennent des noms de guerre ;* NOM DE RELIGION, nom que l'on prend en entrant au couvent. — AU NOM DE, *loc. prép.* de la part de : *emprunter un livre au nom de son frère.* — DE NOM, *loc. adv.* se dit par opposition à DE FAIT : *n'être roi que de nom.*

OCÉAN, sm. (l. *oceanus*), vaste étendue d'eau salée qui baigne toutes les parties de la terre. On la divise en cinq grands bassins principaux : 1° le *Grand-Océan,* entre l'Amérique, l'Asie et la Nouvelle-Hollande ; 2° l'océan *Atlantique,* entre l'Europe, l'Afrique et l'Amérique ; 3° l'océan *Indien,* entre les Indes et la Nouvelle-Hollande ; 4° l'océan *Glacial arctique,* qui entoure le pôle arctique ; 5° l'océan *Glacial antarctique,* qui entoure le pôle antarctique. — Fig. immensité, grande quantité : *un océan de parfums.* — L'OCÉAN, dieu des eaux, était fils du Ciel et de Vesta ; il était regardé comme le père des rivières et des fontaines.

Saint-Cloud. — Imprimerie de Mme Ve Belin.

www.ingramcontent.com/pod-product-compliance
Ingram Content Group UK Ltd.
Pitfield, Milton Keynes, MK11 3LW, UK
UKHW021627170726
13836UKWH00005B/2097